AF600926

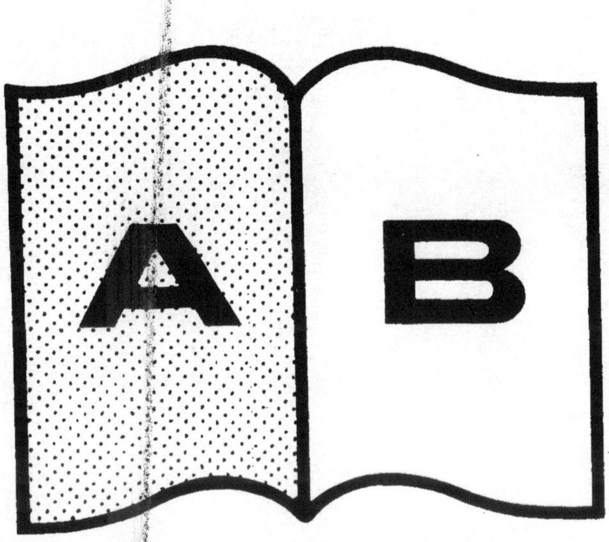
A
B

Cours

D'ARITHMÉTIQUE DÉCIMALE,

démontrée analytiquement,

En parallèle avec l'Arithmétique vulgaire.

Avec application aux nouveaux Poids et Mesures, et à toutes les opérations de Commerce et de Finance, depuis l'addition jusqu'à l'extraction des Racines Carrées et Cubiques.

CONTENANT

Huit Tables de réductions des anciens Poids et Mesures de tout genre, en nouveaux, et des nouveaux en anciens; six Figures représentant les Mesures de capacité, et agraires; une méthode nouvelle et facile pour le Calcul des intérêts, et des intérêts des intérêts; la manière de calculer les intérêts des fonds d'avance d'un compte courant, sans le secours du Calcul par échelle; et les Règles de Société et d'Alliage.

Pour faire mieux ressortir, d'une part, la simplicité et l'uniformité des principes du Calcul Décimal, et de l'autre, la diffusion et la divergence de l'Arithmétique vulgaire, on a résolu les problêmes suivant l'un et l'autre système.

Ouvrage utile aux citoyens de tous les états.

Par le C^n^. C. LEWAL, Sous-chef à la Comptabilité Nationale.

A PARIS, chez le Citoyen BESSE, [illegible], place Maubert, N°. 41.

L'an septième de la République Française une et Indivisible.

AVIS DE L'ÉDITEUR.

Je préviens le public que, l'auteur m'ayant cédé en toute propriété le manuscrit du présent ouvrage, je désavouerai tout exemplaire qui ne seroit pas signé de ma main; et que je poursuivrai, suivant la rigueur des lois, les contre-facteurs en tout ou en partie de l'ouvrage.

Besse

Fautes à corriger.

Page.	ligne			
iv	19	(dons)	*lisez*,	dans.
19	9	(figure 26)	*lisez*,	6.
26	10	(0,84712)	*lisez*,	0,84172.
27	21	($=\frac{5}{15}$)	*lisez*,	$\frac{5}{16}$.
36	15	(℔)	substituez le signe du marc,	^{m}.

Page 53, ligne 9 :

0,84712	*lisez*	0,84172
42		42
1 69424		1 68344
33 8848		33 6688
35,57904		35,35224

Page 77, ligne 16 :

440	*lisez*	440
176		176
528		528

Page	ligne			
104	21	(5)	*lisez*,	6.
123	12	(×)	*lisez*,	+

Avant-propos.

La simplicité et la supériorité du systême du Calcul décimal sur le systême de l'arithmétique vulgaire, est généralement reconnu. Le systême de la numération vulgaire est fondé sur une progression géométrique, en raison décuple croissante; le systême de la numération décimale est fondé sur la même progression, mais en raison sous-décuple décroissante.

Au moyen de ce systême ingénieux et simple, l'on évite toutes les difficultés qui se présentent si souvent dans l'arithmétique vulgaire, et sur-tout dans les calculs des fractions, à cause de la multiplicité et de la diversité des règles dont il est hérissé, qui changent à chaque cas particulier qui se présente.

Avec le systême décimal toutes ces difficultés s'évanouissent; tout devient uniforme, en se rapportant à un seul et unique principe.

Il est vrai qu'il est difficile de faire renoncer à une méthode à laquelle on est habitué par une longue routine; de sorte que quand on parle de calcul décimal, on effraie les personnes qui n'y attachent pas la vraie acception. On a beau répéter que c'est la chose du monde la plus facile; le préjugé prévaut, et l'on aime mieux se servir du systême vulgaire avec tous ses défauts, que d'adopter le systême décimal, malgré les avantages qu'il a sur tous les autres systêmes de calcul.

Il faut donc chercher à vaincre le préjugé, par une exposition simple, et à portée de tout le monde, des principes du système de calcul décimal, lesquels se trouvent déjà répandus dans presque tous les ouvrages élémentaires de mathématiques ; il ne s'agit donc ici que de les rassembler et de les appliquer à des exemples, et de mettre les solutions d'après les principes du calcul décimal, en opposition avec les solutions d'après les principes de l'arithmétique vulgaire, pour faire mieux ressortir tous les avantages du calcul décimal.

Les principes préliminaires et les questions résolues d'après les principes de l'arithmétique vulgaire, en parallèle avec les opérations d'après les principes du calcul décimal, ne sont que pour les personnes habituées à calculer suivant l'ancienne manière, et qui, presque toutes, demandent des comparaisons ; c'est donc pour leur faire mieux sentir l'avantage du calcul décimal, que l'on est entré dons ces détails. Mais pour montrer le calcul décimal à un enfant, il faut bien se donner de garde de lui parler de l'ancienne manière d'opérer ; il faut seulement s'attacher à lui bien faire entendre le système de la numération, *tant croissante* pour les unités principales, *que décroissante* pour les parties décimales ; une fois qu'il aura bien saisi ce mécanisme, il calculera avec une grande facilité.

EXPLICATION de quelques mots employés dans le nouveau systême des Poids et Mesures.

Pour la progression décroissante ou sous-multiple

Milli.......	Millième.
Centi.......	Centième.
Déci.......	Dixième.

Pour la progression croissante ou multiple.

Déca.......	Dix.
Hecto.......	Cent.
Kilo........	Mille.
Myria......	Dix mille.

Usage des mots.

Millimètre..	Millième partie du mètre.
Centimètre..	Centième partie du mètre.
Décimètre..	Dixième partie du mètre.
METRE.....	Unité ou prototype d'où dérivent tous les autres poids et mesures.
Décamètre.	Dix mètres.
Hectomètre.	Cent mètres.
Kilomètre..	Mille mètres.
Myriamètre.	Dix Mille mètres.

Utilité qui résulte de cette dénomination.

Dans l'ancienne manière de compter, à chaque sous-division, soit de mesures de longueur, soit de capacité, &c. le nom de la chose changeoit, et on disoit : une toise, un pied, un pouce, une ligne ; une livre, un marc, une once, un grain, et ainsi des autres. Au lieu que dans le nouveau systême, le mot générique est toujours conservé ; on dit myriamètre, kilomètre, hectomètre, décamètre ; myriagrame, kilograme, hectograme, décagrame ; pour désigner dix mille mètres, mille mètres, cent mètres, dix mètres; dix mille grames, mille grames, cent grames, dix grames, &c.

Abréviation des mots ci-dessus.

Mesures de longueur.

Millimètre....*mm.*
Centimètre...*mc.*
Décimètre....*md.*
MÈTRE.......*m.*
Décamètre...*dm.*
Hectomètre..*hm.*
Kilomètre....*km.*
Myriamètre.*mym.*

Mesures de poids.

Milligrame...*gm.*
Centigrame..*gc.*
Décigrame....*gd.*
GRAME......*g.*
Décagrame...*dg.*
Hectograme .*hg.*
Kilograme....*kg.*
Myriagrame.*mg.*

Mesures de capacité.

Millilitre ....*lm.*
Centilitre......*lc.*
Décilitre.......*ld.*
LITRE........*l*
Décalitre......*ld.*
Hectolitre.....*hl.*
Kilolitre.......*kl.*
Myrialitre....*ml.*

Mesures agraires.

Centiare.......*ac.*
Déciare.........*ad.*
ARE............*a*
Décare..........*da*
Hectare........*ha.*
Kilare..........*ka.*
Myriare........*ma.*

Cours
D'ARITHMÉTIQUE DÉCIMALE
DÉMONTRÉE ANALYTIQUEMENT.

PRINCIPES PRÉLIMINAIRES.

Chapitre premier.

Système de numération Vulgaire.

§ PREMIER.

TOUT le monde connoît les signes ou chiffres, dont on se sert dans le systême d'arithmétique, et la valeur qu'ils acquièrent par l'ordre de rang qu'ils occupent de droite à gauche.

§ II.

Moins un systême a de signes représentatifs, plus il est aisé à apprendre (*a*). Pour n'être pas obligé de recourir à de nouveaux signes, pour exprimer tous les nombres, on est convenu que chaque chiffre au premier rang, désigneroit ses unités absolues, et qu'à chaque rang plus à gauche, il désigneroit dix fois la valeur précédente; comme on va le faire voir par le petit tableau ci-après.

(*a*) Le systême de l'arithmétique BINAIRE de LEIBNITZ, qui n'emploie que deux caractères, 1 et 0, seroit sous ce rapport le plus simple, s'il ne falloit pas un grand nombre de caractères pour exprimer de petits nombres.

Signes ou Chiffres.

Neuf....	9	Unités.
Huit.....	8	Dixaines.
Sept......	7	Centaines.
Six.........	6	Mille.
Cinq......	5	Dixaines de mille.
Quatre.	4	Centaines de mille.
Trois....	3	Millions.
Deux....	2	Dixaines de millions.
Un.......	1	Centaine de millions.
Zéro.....	0	Zéro.

L'on voit, par ce petit tableau, que chaque chiffre acquiert, en allant de droite à gauche, une valeur décuple de celle du rang précédent.

§ III.

Zéro est le point de départ, soit dans le système de numération vulgaire, soit dans le système de numération décimale; avec cette différence, que dans le système de numération vulgaire, les chiffres après le zéro sont des unités simples et absolues, qui acquièrent une valeur *décuple* ou dix fois plus grande, à chaque rang de droite à gauche: au lieu que dans le système de numération décimale, les chiffres après le zéro, séparé par la virgule, ne sont que des parties de l'unité, et prennent la valeur *sous décuple* ou dix fois plus petite, à chaque rang de gauche à droite.

Le zéro n'a aucune valeur par lui-même; mais on lui a attribué la faculté de *décupler* les chiffres qui se trouvent à sa gauche, dans le système de numération vulgaire; de *sous-décupler* les chiffres qui se trouvent à sa droite, dans le système de numération décimale; et de remplir la place des unités manquant d'un rang à l'autre, dans l'un et l'autre système.

§ IV.

Le systême de la numération vulgaire est, comme on vient de le voir, fondé sur une progression géométrique dont la raison est dix.

§ V.

Le systême de la numération décimale est fondé sur le même principe; mais en raison inverse ou sous décuple, et chaque unité devient dix fois plus petite à chaque rang de gauche à droite.

§ VI.

La démarcation des unités principales, dont la valeur se compte de droite à gauche, d'avec les parties décimales dont la valeur se compte de gauche à droite, se fait par une virgule; de sorte que les chiffres qui se trouvent à la gauche de la virgule de démarcation, prennent la valeur d'écuple à chaque rang plus vers la gauche; au lieu que ceux à droite de la virgule, prennent la valeur sous décuple à chaque rang plus vers la droite; pour rendre ceci plus clair, on a joint le petit tableau ci-après.

1,	1	2	3	4	5	6	7	8	9
un, unité principale.	un dixième.	deux centièmes.	trois millièmes.	quatre dixmillièmes.	cinq centmillièmes.	six millionièmes.	sept dixmillionièmes.	huit centmillionièmes.	&c.

§ VII.

On voit par ce petit tableau, qu'à chaque rang vers la droite après la virgule, chaque unité devient dix fois plus petite. On pourra donc la rendre si petite, au moyen d'une série infiniment grande, qu'on pourroit la regarder comme zéro.

§ VIII.

Voici comment il faut lire la série ci-dessus : l'unité à gauche avant la virgule, est une *unité principale* ; l'unité après la virgule à droite, signifie *un dixième* de l'unité principale ou $\frac{1}{10}$; en prennant les deux chiffres après la virgule *douze centièmes* ou $\frac{12}{100}$; en prennant trois chiffres *cent vingt-trois millièmes* ou $\frac{123}{1000}$; en prennant quatre chiffres *douze cent trente-quatre dixmillièmes* ou $\frac{1234}{10000}$; et ainsi de suite, toujours suivant le rapport sous d'écuple décroissant, ou dix fois plus petit.

§ IX.

De même que, dans l'arithmétique vulgaire, les zéros que l'on poseroit à gauche d'un chiffre, ou d'un nombre quelconque, n'en augmenteroient pas la valeur ; de même, dans l'arithmétique décimale, les zéros que l'on poseroit à la suite des parties décimales, n'en diminueroient pas la valeur. Ainsi 0,5 est égal à 0,50 ; à 0,500 ou à 0,5000 etc. ; et 0,9 est égal à 0,90 ; ou à 0,900, etc. La raison en est toute simple ; puisque le systême de numération décimale étant l'inverse du systême de numération vulgaire, il n'y a que les zéros à gauche d'un nombre qui puissent influer sur sa valeur ; comme dans le systême vulgaire, il n'y a que les zéros à droite d'un nombre, qui influent sur sa valeur.

Chapitre deuxième.

Ce que c'est qu'une fraction vulgaire.

§ I.

Pour mieux entendre le systême décimal, il faut avoir une idée claire et précise de ce que c'est qu'une fraction vulgaire.

§ II.

Les nombres que l'on peut insérer entre *zéro* et

l'unité, entre 1 et 2, entre 2 et 3, etc. sont tous plus grands que zéro et plus petits que l'unité, et s'appellent *fractions*, parcequ'ils ne font qu'une partie de l'unité ou d'un *tout*.

§ III.

De pareilles quantités se présentent toutes les fois que le *dividende* ne mesure pas exactement le *diviseur*, où lorsque le diviseur est plus grand que le dividende. Comme, par exemple, si l'on vouloit diviser 17 par 4, le quotient sera 4, et un de résidu, parceque le dividende ne mesure pas exactement le diviseur. Si on demandoit à diviser 5 par 6, ici le diviseur est plus grand que le dividende, et la division ne peut pas s'effectuer. Mais comme il n'est pas moins vrai que ces quantités existent, il a fallu convenir d'un moyen de les représenter.

§ IV.

On est donc convenu, pour représenter des quantités de cette espèce, de mettre le diviseur au-dessous du dividende, et de les séparer par une ligne horisontale. Le diviseur au-dessous de la ligne s'appelle *dénominateur*, parcequ'il annonce en combien de parties l'unité est divisée. Le dividende au-dessus de la ligne, s'appelle *numérateur*, parcequ'il compte les parties que l'on entend prendre de l'unité, divisée en autant de parties égales, qu'il y a d'unités dans le dénominateur.

§ V.

Par exemple, si l'on demandoit le quotient de 3 divisé par 4, trois est le *dividende*, quatre est le *diviseur*; mais comme 4 est plus grand que 3, la division ne peut pas s'effectuer; l'on est donc convenu comme on vient de le dire, de représenter ce quotient, en mettant le diviseur au dessous du dividende, de cette manière $\frac{3}{4}$ que l'on prononce trois quarts, c'est-à-dire, que l'on regarde l'unité comme divisée en quatre parties égales, dont on en prend trois.

§ VI.

Quoique trois ne puisse pas se diviser par quatre,

l'on peut néanmoins se faire une idée exacte de ce quotient ; l'on n'a qu'à s'imaginer une ligne de trois pieds de long ; personne ne doutera qu'il ne soit possible de la diviser en 4 parties égales, et de se faire une idée de la longueur d'une de ces parties, dont on prendrait trois. On conclut donc facilement que les trois quarts d'une unité quelconque, sont égaux au quart de trois unités de la même espèce. Effectivement, les trois quarts d'un pied sont égaux au quart de trois pieds. L'on voit également qu'une fraction vulgaire, telle qu'on la représente, n'est autre chose que le quotient qui résulteroit de la division du numérateur par le dénominateur, s'il étoit possible d'effectuer la division ; il sera bon d'avoir ce principe toujours présent à l'esprit.

Chapitre troisième.

Ce que c'est qu'une fraction décimale.

§ I.

D'APRÈS les principes ci-dessus, une *fraction décimale*, est une fraction qui est représentée par le numérateur seulement ; le dénominateur, qui est sous-entendu, est toujours l'unité, suivie d'autant de zéros, qu'il y a de chiffres dans le numérateur.

§ II.

Eclaircissons cela par des exemples : la fraction ou partie décimale 0,1, signifie *un dixième* ou $\frac{1}{10}$. Le zéro avant la virgule indique qu'il n'y a pas d'unité principale. 5,12 signifie 5 *entiers et douze centièmes*, ou 5 $\frac{12}{100}$. 56,035 se prononce *cinquante-six entiers et trente-cinq millièmes* ; le zéro après la virgule, tient la place des 10e. manquant. 315,205 veut dire trois-cent quinze entiers, et deux-cents ciuq millièmes, ou 315 $\frac{205}{1000}$; le zéro entre le deux et le cinq, tient la place des centièmes d'unité manquant :

625,007 doit se lire six-cent vingt-cinq entiers et sept millièmes, ou 625 $\frac{7}{1000}$. Les deux zéros après la virgule tiennent la place des dixièmes et centièmes d'unité qui manquent.

§ III.

Par le moyen de ce systême simple, on opère sur les fractions, comme sur les unités principales, soit dans l'addition, soit dans la soustraction, multiplication, division et extraction des racines. Il est donc facile de concevoir le grand avantage qui doit en résulter.

Chapitre quatrième.

Transformer une fraction vulgaire en une fraction décimale.

§ I.

Il faut se rappeller ce qu'on a dit ci-dessus, *qu'une fraction, telle qu'on la représente, désigne le quotient qui résulteroit de la division du numérateur par le dénominateur, si elle pouvoit se faire.* Pour transformer une fraction vulgaire en une fraction décimale, on regarde la division du numérateur par le dénominateur comme possible, au moyen d'un ou de plusieurs zéros que l'on ajoute au numérateur, qu'on divise ensuite par le dénominateur.

§ II.

Voici la manière dont il faut s'y prendre, pour transformer une fraction ordinaire en parties décimales; par exemple, si l'on veut transformer $\frac{1}{2}$ en une fraction décimale, on commence par ajouter au numérateur 1, un zéro et on divise le produit 10 par 2; il résulte 0,5 ou $\frac{5}{10}$ qui égalent $\frac{1}{2}$.

Opération.

Opération.

$\frac{1}{2}$	10	2
	00	0,5

Je dis : dans 1 combien de fois y a-t-il 2 ? cela ne se peut ; je pose un zéro avec la virgule, pour indiquer qu'il n'y a pas d'unité principale ; après cela, j'ajoute un 0 à 1, et je divise le produit 10 par 2 ; il résulte 5 que je pose au quotient à côté du zéro aprés la virgule, et le quotient est 0,5, ou $\frac{5}{10}$ qui est égal à un demi.

§ III.

On demande à transformer $\frac{5}{8}$ en une fraction décimale.

Je pose le numérateur 5 pour dividende, et le dénominateur 8 ponr diviseur, et je dis ; 8 combien de fois est-il contenu dans 5 ? cela ne se peut ; on pose donc zéro avec la virgule pour indiquer qu'il n'y a pas d'unités principales. Après cela, on ajoute un zéro au 5, et l'on divise le produit 50 par 8 ; on obtient 6 que l'on pose au quotient ; ensuite on ajoute au résidu 2, encore un zéro, et l'on divise le produit 20 encore par 8, il résulte 2 que l'on pose à côté du 6 au quotient ; enfin on ajoute encore un 0 au résidu 4 et on divise le produit 40 par 8, il résulte 5 que l'on pose au quotient à côté du 2 ; et comme après cette dernière division il ne reste rien, l'opération se trouve terminée, et 0,625 est parfaitement égal à $\frac{5}{8}$

Opération.

$\frac{5}{8}$	50	8
	20	0,625
	40	
	00	

§ IV.

Pour se convaincre que la fraction décimale 0,625 est absolument la même chose que $\frac{5}{8}$, il faudra ramener la fraction 0,625 à une fraction ordinaire. Il sera donc à propos, avant que d'aller plus avant, de donner la manière de ramener une fraction décimale à une fraction vulgaire.

§ V.

Pour ramener une fraction décimale à une fraction vulgaire, il faut se souvenir qu'une fraction décimale est une fraction représentée par le numérateur seulement, le dénominateur qui est sous-entendu, est toujours l'unité accompagnée d'autant de zéros, qu'il y a de chiffres dans le numérateur : représentons donc la fraction décimale 0,625 de cette manière; l'on aura la fraction vulgaire $\frac{625}{1000}$ laquelle, réduite à sa plus simple expression, donnera $\frac{5}{8}$.

§ VI.

Pour réduire une fraction à sa plus simple expression, divisez le numérateur et le dénominateur par un même nombre, autant de fois qu'il soit possible de le faire, ce qui ne change rien quant à la valeur de la fraction (*a*). Ainsi, la fraction $\frac{625}{1000}$ peut se réduire, en divisant le numérateur et le dénominateur par 5, à $\frac{125}{200}$; en divisant encore par 5, à $\frac{25}{40}$, en divisant encore par 5, à $\frac{5}{8}$ qui est la plus simple expression de la fraction $\frac{625}{1000}$; on voit donc clairement que la fraction décimale 0,625, est égale à $\frac{5}{8}$. (*b*).

(*a*) Ce principe est fondé sur ce qu'en divisant deux nombres quelconques par un même nombre, les quotiens restent dans la même proportion : soit 15 et 24 ou $\frac{15}{24}$; si l'on divise l'un et l'autre par 3, il résulte 5 et 8 ou $\frac{5}{8}$ et 5 est à 8 comme 15 est à 24. Ou en parlant le langage analytique, on a le rapport géométrique $5 : 8 :: 15 : 24$.

(*b*) Pour faciliter à réduire une fraction à sa plus simple expression, il convient d'indiquer les symptômes des diviseurs d'un nombre sans reste. Un nombre est divisible par 2, si le premier chiffre à droite est pair; il est divisible par 3, si la somme des chiffres est divisible par 3; et il est encore divisible par 6, si outre cela, le premier chiffre à droite

§ VII.

Il arrive souvent qu'en transformant une fraction décimale en une fraction ordinaire, la division ne peut pas se faire exactement sans reste. Dans ce cas, la fraction devient infinie ; mais cela n'empêche pas d'approcher du véritable quotient, autant que l'on veut et même beaucoup plus que ne l'exige l'exactitude des calculs, comme on va le faire voir ci-après.

§ VIII.

Par exemple, si l'on demandoit à transformer $\frac{4}{7}$ en une fraction décimale, en opérant comme on vient de le dire, on obtiendra 0,571428 sans être parvenu à un quotient sans reste.

```
4/7   40 | 7
       50 |---------
         10   0,571428
          30
           20
            60
             4
```

L'on voit par l'opération, qu'après avoir ajouté six *zéros*, et successivement divisé par 7, il résulte un résidu de 4, même chiffre que le numérateur de la fraction ordinaire. Si l'on continuoit l'opération plus loin, les mêmes chiffres reparoîtroient, parceque c'est comme si l'on recommençoit l'opération au point d'où l'on est parti. Toutes les fois donc que l'on s'apperçoit que le même chiffre d'où l'on est parti reparoît, après avoir ajouté autant de zéros qu'il y a d'unités dans le dénominateur de la fraction, on peut en conclure que la fraction est infinie ; mais cela n'empêche pas

est pair ; il est divisible par 4, si les deux premiers chiffres sont divisibles par 4 ; il est divisible par 8, si les trois premiers chiffres sont divisibles par 8 ; il est divisible par 9, si la somme des chiffres est divisible par 9 ; il est divisible par 5 et 10, si le premier chiffre à droite est un 0 ou un 5.

d'atteindre le but que l'on s'étoit proposé, et même au-delà de ce qu'exige l'exactitude des calculs (*a*).

§ IX.

Pour prouver que la fraction décimale 0,571428 est plus que suffisante pour approcher de la vérité dans les calculs ; attachons à la fraction $\frac{4}{7}$ une valeur, comme par exemple, si l'on demandoit combien de sols et de deniers font les $\frac{4}{7}$ d'une livre tournois? Pour répondre à cette question, je réduis 4 liv. en sols qui font 80 sols, qui divisés par 7 donnent 11 sols, et un résidu de 3 sols, lesquels réduits en deniers font 36 den. qui divisés par 7, donnent 5 den. et un résidu d'un denier indivisible. Les $\frac{4}{7}$ d'une livre tournois font donc 11 s 5 d $\frac{1}{7}$.

Opération.

$\frac{4}{7}$ d'une livre. 4 lt font	80 s.	7
	3	11. 5 $\frac{1}{7}$
	12	
	36	
	1	

Réponse les $\frac{4}{7}$ d'une livre tournois font 11 s 5 d $\frac{1}{7}$ de denier.

§ X.

Voyons maintenant si en opérant de la même manière sur la fraction décimale 0,571428 et en ne prenant que les trois premiers chiffres, l'on obtiendroit le même résultat. D'après ce qui a été dit plus haut, en ne prennant que les trois premiers chiffres de la fraction décimale, elle sera représentée par la fraction vulgaire $\frac{571}{1000}$ d'une livre tournois ; en conséquence, il faut multiplier 571 par 20 pour les réduire en sols, et diviser le produit par mille, réduire le résidu en deniers,

---

(*a*). L'on trouve des recherches savantes à ce sujet dans les élémens d'algèbre *d'Euler*, avec les additions de *Lagrange*, tome 1er. chap. 12.

en les multipliant par 12 et diviser encore le produit par mille (*a*).

Opération.

```
   571        | 1000
    20        |----------
 ------       | 11. 5 1/25
 11,420
    12
 ------
    840
   420
 ------
  5,040
```

L'on voit que le résultat est également 11 s 5 d $\frac{40}{1000}$ de denier, quoique l'on n'ait pris que les trois premiers chiffres de la fraction décimale (*b*).

(*a*) Quand le diviseur est l'unité accompagnée de zéros, comme 10, 100, 1000 &c. l'on retranche du dividende autant de chiffres qu'il y a de zéros au diviseur, parceque multiplier par 10, 100, 1000, etc. c'est ajouter 1, 2 ou 3 zéros, etc. donc pour diviser, on doit retrancher autant de figuresdu dividende.

(*b*) Pour avoir une preuve plus rigoureuse, appliquons à la fraction décimale les règles de l'arithmétique vulgaire, où la preuve de la division se fait par la multiplication; c'est-à-dire, que le quotient multiplié par le diviseur doit reproduire le dividende, en y ajoutant toutes fois le résidu, s'il s'en est trouvé un; ne prenons d'abord que le premier chiffre de la fraction décimale avec le premier résidu 5, nous aurons $(0,5) \times 7 + \frac{5}{10 \times 7} = \frac{35+5}{70} = \frac{40}{70} = \frac{4}{7}$.

Si l'on prend les deux premiers chiffres de la fraction décimale, avec le résidu 1, on aura
$(0,57) \times 7 + \frac{1}{100 \times 7} = \frac{399+1}{100 \times 7} = \frac{400}{700} = \frac{4}{7}$.

La première de ces formules doit se lire de cette manière : cinq dixiémes multipliés par sept, plus cinq divisé par 10 multiplié par 7, est égal à trente-cinq,

§ XI.

Il est facile de se rendre raison de l'opération, pour transformer une fraction vulgaire en une fraction décimale ; d'après ce qui a été dit plus haut, que toute fraction indiqueroit le quotient du numérateur divisé par le dénominateur, si la division pouvoit s'effectuer. Dans la transformation d'une fraction vulgaire en une fraction décimale, on regarde la division comme possible, au moyen des zéros que l'on ajoute au numérateur, et en divisant successivement les produits par le dénominateur. Il est aisé de voir que les quotiens qui résultent de cette opératien sont 10, 100 et 1000 fois trop grands, suivant la quantité de zéros que l'on y aura ajoutés ; mais comme, au moyen du systême décimal, chaque chiffre après la virgule de démarcation, devient 10, 100 et 1000 fois plus petit, la plus parfaite égalité est maintenue, et la fraction 0,571428, peut être regardée comme le véritable quotient de 4 divisé par 7 ; parceque les produits résultés par les zéros que l'on a ajoutés se trouvent détruits par la progression décimale décroissante.

§ XII.

D'après les principes que l'on a exposés, et sur lesquels est fondé le calcul décimal, il est facile de sentir que, si l'on adoptoit pour étalon général, une unité invariable, telle que le tems ne puisse pas l'altérer ; et dont on déduiroit ensuite tous les autres poids et mesures, dans le rapport décuple et sous décuple, progression adoptée dans le systême de numération soit des unités principales, soit des parties décimales ; on verroit disparoître toutes les difficultés de l'arith-

---

cinq, plus cinq divisé par soixante et dix, égal à quarante soixante dixièmes, égal à quatre septièmes.

= Signifie égal à ; + signifie plus ; × signifie multiplié par.

métique, causées tant par les fractions, que par l'incohérence des subdivisions de l'unité avec le système de numération.

Cette entreprise étoit réservée à la Nation françoise, à ses Représentans, et aux savans qu'ils ont chargés, par leurs décrets, d'effectuer ce grand travail, qui sera un monument de gloire dans la postérité la plus reculée.

§ XIII.

Quoique l'on ait donné ci-dessus la manière de réduire une fraction vulgaire en une suite de parties décimales, et de ramener une fraction décimale à une fraction vulgaire; l'on pense qu'il seroit à propos de donner ici, pour les personnes qui ne voudroient pas se donner la peine de calculer, la réduction des fractions vulgaires les plus usitées, en parties décimales correspondantes.

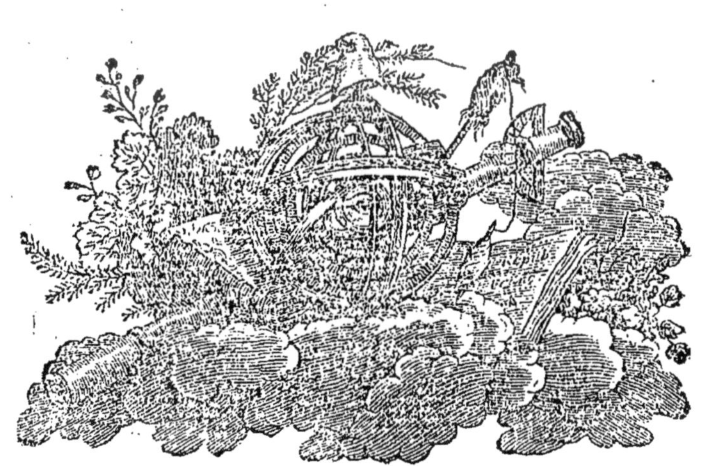

Table.

De Réduction des fractions vulgaires les plus en usage, en parties décimales.

$\frac{1}{2}$	0,50000
$\frac{1}{3}$	0,33333
$\frac{1}{4}$	0,25000
$\frac{1}{5}$	0,20000
$\frac{1}{6}$	0,16666
$\frac{1}{7}$	0,14285
$\frac{1}{8}$	0,12500
$\frac{1}{9}$	0,11111
$\frac{1}{10}$	0,10000
$\frac{1}{11}$	0,09090
$\frac{1}{12}$	0,08333
$\frac{1}{13}$	0,07692
$\frac{1}{14}$	0,07142
$\frac{1}{15}$	0,06666
$\frac{1}{16}$	0,06250
$\frac{1}{17}$	0,05882
$\frac{1}{18}$	0,05555
$\frac{1}{19}$	0,05263
$\frac{1}{20}$	0,05000
$\frac{2}{3}$	0,66666
$\frac{2}{5}$	0,40000
$\frac{2}{7}$	0,28571
$\frac{2}{9}$	0,22222
$\frac{2}{11}$	0,18181
$\frac{2}{13}$	0,15384
$\frac{2}{15}$	0,13333
$\frac{2}{17}$	0,11764
$\frac{2}{19}$	0,10526

$\frac{3}{4}$	0,75000
$\frac{3}{5}$	0,60000
$\frac{3}{7}$	0,42857
$\frac{3}{8}$	0,37500
$\frac{3}{10}$	0,30000
$\frac{3}{16}$	0,17647
$\frac{3}{20}$	0,15000
$\frac{4}{5}$	0,80000
$\frac{4}{7}$	0,57142
$\frac{4}{9}$	0,44440
$\frac{4}{11}$	0,36363
$\frac{4}{15}$	0,26666
$\frac{4}{19}$	0,21052
$\frac{5}{6}$	0,83333
$\frac{5}{8}$	0,62500
$\frac{5}{9}$	0,55555
$\frac{5}{12}$	0,41666
$\frac{5}{16}$	0,31250
$\frac{6}{7}$	0,85714
$\frac{6}{11}$	0,54545
$\frac{6}{13}$	0,46153
$\frac{6}{17}$	0,35294
$\frac{6}{19}$	0,31578

$\frac{7}{8}$	0,87500
$\frac{7}{9}$	0,77777
$\frac{7}{12}$	0,58333
$\frac{7}{15}$	0,46666
$\frac{7}{16}$	0,43750
$\frac{7}{18}$	0,38888
$\frac{7}{20}$	0,35000
$\frac{8}{9}$	0,88888
$\frac{8}{11}$	0,72727
$\frac{8}{13}$	0,61538
$\frac{8}{15}$	0,53333
$\frac{8}{17}$	0,47058
$\frac{8}{19}$	0,42105
$\frac{9}{10}$	0,90000
$\frac{9}{11}$	0,81818
$\frac{9}{16}$	0,56250
$\frac{9}{20}$	0,45000
$\frac{10}{11}$	0,90909
$\frac{10}{13}$	0,76923
$\frac{10}{17}$	0,58823
$\frac{10}{19}$	0,52631

$\frac{11}{13}$	0,84615
$\frac{11}{16}$	0,68750
$\frac{11}{19}$	0,57894
$\frac{11}{20}$	0,55000
$\frac{12}{13}$	0,92307
$\frac{12}{17}$	0,70588
$\frac{12}{19}$	0,63157
$\frac{13}{16}$	0,81250
$\frac{13}{18}$	0,72222
$\frac{13}{20}$	0,65000
$\frac{14}{16}$	0,87[illegible]
$\frac{15}{16}$	0,93750
$\frac{16}{17}$	0,94117
$\frac{17}{18}$	0,94444
$\frac{18}{19}$	0,94736
$\frac{19}{20}$	0,95000

Chapitre cinquième.

Détermination du Mètre; Noms et subdivisions des Poids et Mesures.

§ I.

Il est inutile d'entrer ici dans les détails des moyens physiques et mathématiques, employés par les savans, pour déterminer la longueur du METRE ; il suffit de savoir qu'ils ont choisi le quart du méridien terrestre, dont la longueur s'est trouvée être, d'après leurs opérations, de 5,132,430 toises, ou de 30,794,580 pieds, dont on a pris 0,0000001 ou $\frac{1}{10000000}$ auquel on a donné le nom de mètre, qui signifie mesure ; il équivaut à 3 pieds, 0 pouces, 11 lignes., 4.419.520e de ligne. Cette fraction décimale vaut à peu de chose près ½ ligne. C'est de cette mesure linéaire prise pour unité, que l'on a déduit tous les autres poids et mesures, soit de longueur, soit de surface, de solides et de capacité, comme on le verra ci-après.

§ II.

Mesures de longueur.

Millimètre....	millième partie du mètre.
Centimètre...	centième partie du mètre.
Décimètre....	dixième partie du mètre.
METRE.......	Étalon Républicain, équivalant à 3 pieds, 0 pouces, 11 lignes, 4419520. (a).

(*a*) La ci-devant aune de Paris, a été fixée par Hellot de l'académie des Sciences, à 3 pieds 7 pouces 10 lignes ⅚ de ligne.

Décamètre...	dix fois la longueur du mètre.
Hectomètre..	cent fois la longueur du mètre.
Kilomètre....	mille fois la longueur du mètre.
Myriamètre.	dix mille fois la longuenr du mètre.

§ III.

Mesures de capacité.

Centilitre.....	centième partie du litre. (f. 3.)
Dècilitre......	dixième partie du litre.
LITRE......	Unité pour les mesures de capacité. Il est d'un décimètre cube, c'est-à-dire, d'un décimètre de long et de large, et d'un décimètre de profondeur; ce qui fait 50 pouces, 4631296me. de pouce cube. (*a*) *Voyez figure* 2.
Décalitre.....	capacité de dix litres.
Hectolitre....	capacité de cent litres.
Kilolitre......	capacité de mille litres. (*b*)
Myrialitre....	capacité de dix mille litres. Cette dernière mesure ne sera guère en usage, à cause de sa trop grande contenance.

(*a*) Cube ou Cubique signifie, en terme de géométrie, un corps de six faces, comme un dé à jouer; mais en termes d'arithmétique, lorsqu'on dit un nombre cube, on entend le produit qui résulte des trois côtés que présente une figure cubique, c'est-à-dire, longueur, largeur et profondeur. Ainsi, pour avoir le cube d'un solide qui aura 6 pieds de côté sur tous les sens, il faut multiplier 6 par 6, qui donne 36, et ce produit multiplié encore par 6 donne 216 pour le cube de 6, qui est la racine cubique de 216.

Le ci-devant boisseau de Paris est de 640 pouces cubes. Le litron qui en est le seizième, est de 40 pouces cubes; et la ci-devant pinte de Paris, suivant le modèle déposé à la Maison Commune, est de 48 pouces cubes.

(*b*) Sa grandeur est le mètre cube : il faut prendre garde de confondre les mesures linéaires avec les mesures de capacité : car le mètre cube contient mille

§. I V.

Mesures de poids.

Milligrame...	millième partie d'un grame.
Centigrame..	centième partie d'un grame.
Décigrame...	dixième partie d'un grame.
GRAME.....	Unité pour les poids ; il équivaut au poids de l'eau distillée sous le volume d'un centimètre cube ; (*a*) il représente 18 grains, 841me. de grain, (f 3).
Décagrame..	poids de dix grames,
Hectograme.	poids de cent grames.
Kilograme...	poids de mille grames.
Myriagrame.	poids de dix mille grames.

§ V.

Mesures Agraires ou d'Arpentage.

Centiare......	centième partie de l'are.
Déciare........	dixième partie de l'are.
ARE..........	Unité pour les mesures de terrein. *Sa grandeur est le décamètre ou dix mètres de long, sur dix de large* ; le décamètre étant de 30 P, 794580e de pied ; la superficie de l'are équivaut

---

litres ; cela provient de ce que quand on décuple les côtés d'un cube, il devient mille fois plus grand. C'est par cette même raison que le décimètre cube, ou le litre, contient mille centi-litres.

(*a*) Pour déterminer l'unité pour les mesures de poids, on a pesé avec la plus grande exactitude au dégré du thermomètre à la glace fondante, un volume d'eau distillée sous le décimètre cube, qui s'est trouvé peser 2 livres 5 gros 49 grains, ou 18841 grains, dont on a pris le millième, à cause que le centimètre cube est un millième du décimètre cube. Le volume d'eau distilée (au degré de laglace fondante) sous le centimètre cube, est l'unité pour les poids ; on lui a donné le nom de grame ; il équivaut à 18 g^{r}. 841 millièmes de grain.

à 948 P, 306157me, ou à 26 toises 341837me. de toise. Si l'on néglige la fraction, on aura juste 25 toises, parceque 30 fois 30 est égal à 25 fois 36. (Voyez f. 4.) En supposant les côtés de cette figure, de dix mètres, il est aisé de concevoir que chacun des petits quarrés est d'un mètre quarré ou un *centiare*. (f. 26) Dix desdits petits quarrés font le déciare (fig. 5) (*a*).

Décare........ étendue de terrein de dix ares.

Hectare....... étendue de cent ares (*b*).

(*a*) Quarré, en terme de géométrie, signifie un rectangle qui a ses quatre côtés égaux; mais en terme d'arithmétique, on entend par nombre quarré, le produit d'un nombre multiplié par lui-même; par exemple 36 est le quarré de six, parceque 6 multiplié par 6, donne 36, dont 6 est la racine quarrée.

Il faut prendre garde de confondre les mesures de surface avec les mesures linéaires; car en doublant le côté d'un quarré, on le rend 4 fois plus grand, et en le décuplant, on le rend cent fois plus grand.

(*b*) L'hectare est un peu moindre que le double grand arpent des eaux et forêts, de 100 perches, la perche de 22 pieds; ce qui donne pour la superficie du grand arpent 48400 pieds quarrés, et pour deux de ces arpens 96800 pieds.

L'hectare, étant le décam. quarré ou 30 P, 794580me, multiplié par lui-même, donne 948 P, 306157, qu'il faut encore multiplier par 100, parce que l'hectare à 100 ares; la superficie de l'hectare sera donc de 94830 P, 6157me; ce qui est, comme on le voit, un peu moindre que le double grand arpent.

Si l'on résoud ce rapport en fractions continues, on trouve cette série de fractions $\frac{1}{1}$, $\frac{1}{2}$, $\frac{24}{47}$, $\frac{25}{49}$, $\frac{49}{96}$ etc. qui fait également voir que l'hectare est un

Kilare........ étendue de mille ares.
Myriare....... étendue de dix mille ares.

§ VI.

Mesures de bois à brûler.

STÈRE....... Quantité de bois égale au mètre cube; en donnant aux buches un mètre de long, il faut les ranger dans un chassis qui ait un mètre de large et un mètre de haut. (*a*).

§ VII.

Mesures Monnétaires.

L'or et l'argent servant à la fabrication des espèces républicaines sont alliés dans la proportion de 1 à 9, c'est à-dire que sur un poids quelconque d'or ou d'argent, il y a 9 parties de métal pur et une partie d'alliage (*b*).

---

peu moindre que 2 grands arp. Les personnes qui désireroient étudier la théorie des fractions continuës, en trouveront un traité complet dans les additions du célèbre Lagrange aux élémens d'algèbre d'Euler, tome 2. Personne, avant Lagrange, n'avoit traité à fond cette partie de l'analyse.

(*a*) Le double Stère est à-peu-près $\frac{1}{25}^{me}$. plus grand que la voie de l'ancien régime.

La voie de l'ancien régime étoit de 4 pieds de haut sur 4 pieds de large, les bûches de 3 pieds 6 pouces de long; ce qui produit 56 pieds cubes.

Le Stère étant d'un mètre de haut et d'un mètre de large, et les bûches d'un mètre de long, et le mètre ayant trois pieds, 0 pouces 11 lignes $\frac{1}{2}$; le double stère produit 58 pieds 4 pouces 8 lignes cubes; et 2 pieds 4 pouces 8 lignes, à l'égard de 56 pieds, font à-peu-près $\frac{1}{25}^{me}$.

(*b*) Cette proportion, suivant l'ancienne manière d'énoncer le titre, est :

pour l'or..... 21 karats. 19 trente-deuxièmes $\frac{1}{5}$.
pour l'argent.. 10 deniers, 19 grains $\frac{1}{5}$.

Le Franc..... Se divise en dix décimes, le décime en demi-décimes, (ou sols) le décime en dix centimes.

Le franc est du poids de 5 grames qui équivaut à 94 gr. 205me. de grain.

La pièce de cinq francs...... est de 25 grames qui équivalent à 471 gr. 025me. de grain.

Pièce d'Or... Suivant le projet de résolution du 17 ventose an 5, il n'y aura qu'une seule pièce d'or; elle sera du poids de 10 grames, équivalant à 188 gr. $\frac{41}{100}$. de grain.

§ VIII.

Division du Tems.

L'Année républicaine est divisée en 360 jours, non compris les jours complémentaires.

Le Mois en..........	3 décades.
La Décade en........	10 jours.
Le Jour en..........	10 heures.
L'heure en..........	100 minutes.
La Minute en........	100 secondes, etc.

§ IX.

Division de la Circonférence du Cercle.

Suivant l'ancienne manière, la circonférence du Cercle étoit divisée en 360 parties ou degrés, ce qui faisoit pour le quart du cercle, ou l'angle droit, 90 degrés; chaque degré étoit sous-divisé en 60 minutes, chaque minute en 60 secondes, etc. Dans le nouveau systême, on a divisé la circonférence du cercle en 400 parties, ce qui fait pour le quart du cercle, ou l'angle droit, 100 parties ou degrés; chaque degré en 100 minutes, et chaque minute en 100 secondes, etc.

Figure première.

Décimètre (ou dixième partie du Mètre) de grandeur naturelle.
3 pouces, 8 lignes, 344 millième de ligne.

Figure deuxième. Décimètre cube, de grandeur naturelle.

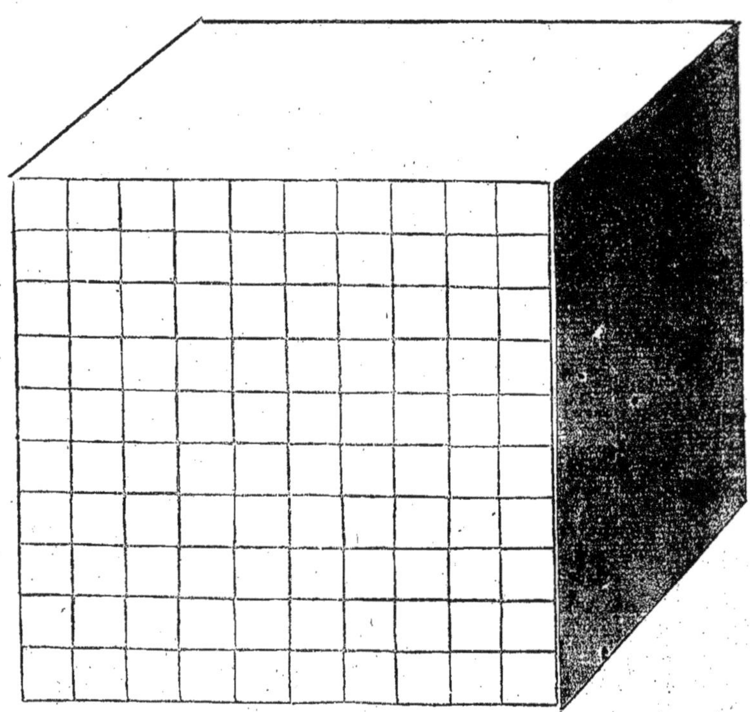

Figure 3. Centimètre cube de grandeur naturelle, 4l.;434me. de li.

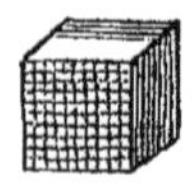

Figure quatrième.

Are,

Dix Mètres de long, sur 10 mètres de large, ou 100 mètres carrés, correspondant à 948 pi.q., 3061 de pied.

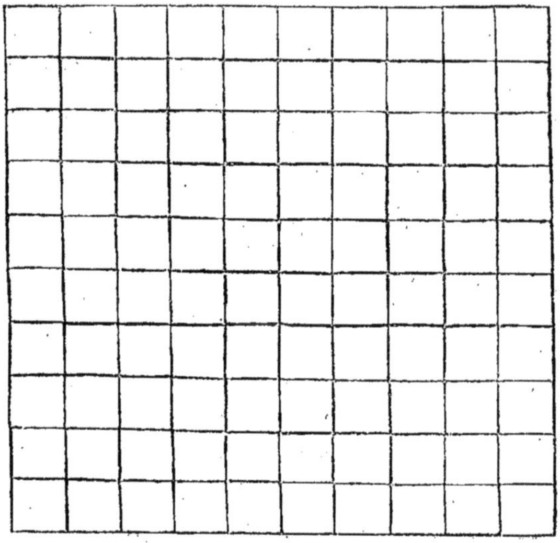

Figure 5e

Déciare,

Dix Mètres de long, sur un mètre de large, correspondant à 94 pi.q., 83061 de pied.

Figure 6e

Centiare,

Mètre carré; correspond à 9 pi.q., 483061 de pied.

Le quart de la circonférence du méridien étant divisé en 10,000,000 de parties égales dont chacune d'un mètre;

Le Degré vaut........... 100,000 mètres.
La Minute.................... 1,000.
La Seconde.................... 10.
La Tierce....................... 0,1.
La Quarte........................ 0,01.

Le degré de l'ancienne division de la circonférence du cercle, étoit compté pour 25 lieues communes de france de 2500 toises chacune, et 2 lieues font 5000 toises.

Le degré de la nouvelle division vaut, comme on l'a vu ci-dessus, 10 myriamètres ou 100,000 mètres.

Le myriamètre sera donc de dix mille mètres, qui équivalent à peu-près à 5000 toises.

Le kilomètre de.... 500

Le myriamètre sera donc à peu-près une poste.

Chapitre sixième.

De l'addition des quantités.

§ I.

L'addition est une opération arithmétique, par laquelle on cherche un nombre égal à plusieurs autres pris ensemble. Le nombre qui résulte de cette opération s'appelle somme.

§ II.

Dans les opérations du calcul décimal, soit addition, soit soustraction, division, et extraction des racines, l'on opère toujours comme sur des unités principales. Il faut seulement avoir soin de poser la virgule de démarcation à sa place, pour séparer les unités principales d'avec les parties décimales, et se rappeler que les chiffres à droite de la virgule, sont des sous-divisions sous décuples de l'unité.

§ III.

L'on commencera tout de suite les opérations, par les

nombres complexes ; parceque, comme on l'a observé plus haut, dans l'arithmétique décimale, on opère toujours comme sur des unités principales, et que parconséquent il seroit superflu d'en traiter séparément (*a*).

§ I V.

DE L'ADDITION DES MONNOIES DE COMPTE.

Premier Exemple, suivant l'arithmétique vulgaire.

Un négociant doit recevoir de divers débiteurs, savoir : de A. 320 liv. 15 ſ 6 d. de B. 937 liv. 9 ſ 3 d. de C. 1207 liv. 2 ſ 6 den. de D. 1536 liv. 14 ſ 9 d. On demande à combien se monte la totalité de ces créances.

Opération.

A recevoir de.....	A.....	320 l.	15 ſ	6 d.
de.....	B.....	937 l.	9 ſ	3 d.
de.....	C.....	1207 l.	2 ſ	6 d.
de.....	D.....	1536 l.	14 ſ	9 d.
Rép. la somme totale est		4002 l.	2 ſ	0 d.

§ V.

Analysons, et voyons ce que l'on a été obligé de faire, pour résoudre cette question ; il a fallu commencer d'abord par additionner la colonne des deniers, réduire la somme en sols, en les divisant par douze, poser les deniers qui ne forment pas un sol, au dessous de la colonne des deniers, et ajouter les sols avec la colonne des sols ; réduire la somme de sols en livres, en la divisant par vingt, poser les sols qui ne forment pas une livre, au dessous de la colonne des sols, et ajouter les livres avec la colonne des livres.

§ V I.

S'il étoit possible de se reporter au tems où l'on

(*a*) On appelle nombres complexes l'unité principale accompagnée des parties de sa subdivision : par exemple, 12 liv. 6 ſ 4 d. est un nombre complexe.

nous a enseigné les premiers principes de l'arithmétique, et de se rappeler les peines et les difficultés qu'il a fallu surmonter pour parvenir à faire une addition de cette espèce, l'on conviendroit de la bizarrerie de ces opérations, dont chacune est fondée sur un principe différent, à cause de l'incohérence des sous-divisions de l'unité principale avec le systême adopté pour la numération.

§ VII.

Pour faire voir la simplicité et l'avantage du calcul décimal, on résoudra ce même exemple d'après le système décimal, ou les sous-divisions de l'unité suivent le même rapport que celui adopté dans la numération.

Opération.

		f c.
A recevoir	de A....	320,775.
	de B....	937,4625.
	de C....	1207,125.
	de D....	1536,7375.
Réponse.		4002,1000.

Opérez sur les parties décimales comme sur des unités principales; et après avoir fait l'addition, séparez au moyen de la virgule, autant de chiffres à droite, qu'il s'y trouve de caractères décimaux, c'est-à-dire qu'ici il faut placer la virgule de démarcation après le quatrième chiffre, en comptant de droite à gauche. Le résultat est le même, parceque 1 décime est égal à 2 ^s.

Deuxième exemple suivant l'arithmétique décimale.

Un marchand a acheté, savoir : du Café pour 634 fr. 3 décimes 5 cent.; du Sucre pour 2126 fr. 4 déc. 8 cent; de la Cassonade pour 1508 fr. 09 cent; du Savon pour 813 fr. 07^c.; de la Canelle pour 220 fr. 5 déc. 6 cent; de l'Huile pour 631 fr. 07 cent. On demande à combien se montent ces achats.

Opération.

	f. c.
du Café pour	634,35.
du Sucre	2126,48.
de la Cassonnade	1508,09.
du Savon	813,07.
de la Canelle	220,56.
de l'Huille	631,07.
Réponse	5933,62.

Troisième Exemple.

Un caissier remet à son garçon de recette les effets ci-après, savoir, une lettre de change sur A de 3640 f. 15 cent. autre sur B de 9625 fr. 39 cent. un billet a domicile payable chez C de 921 fr. 85 cent. un billet au porteur de D, de 630 f. 25 cent. un bon sur la caisse des comptes courans, de 10950 fr. 75 cent. une ordonnance sur la trésorerie, de 25600 f. 30 cent. On demande la somme que le garçon de recette aura à remettre au caissier.

Opération.

			f. c.
Une lettre de change sur .	A	de . .	3640,15
autre *Idem* sur	B	de . .	9625,39.
billet à domicile chez. .	C	de . .	921,85.
billet au porteur de . .	D	de . .	630,25.
un bon sur la caisse des comptes courrants		de . .	10950,75.
ord^{ce}. sur la trésorerie . . .		de . .	25600,30.
Réponse			51368,69.

Opérez comme sur des unités principales, et après l'opération, posez la virgule à sa place.

La simplicité de ces opérations prouve assez l'avantage du calcul décimal sur l'arithmétique vulgaire.

§ VIII.

Manière de se servir de la première table de réduction.

Premier Exemple.

On propose de réduire 17^{s} 8^{d} en parties décimales du franc.

Cherchez dans la colonne des sols, la valeur décimale qui correspond à 17 sols, et dans la colonne des deniers, la valeur qui correspond à 6 den. posez ces deux valeurs, l'une au-dessous de l'autre, suivant leur ordre de rang; la somme donnera la valeur de 17 sols. 6 den. en expressions de monnoie républicaine.

Opération.

		c.
17 sols correspondent à	. . . . . .	0,85
6 deniers. . . . . à	. : . . .	0,025.
		c.
Réponse	. . . .	0,875.

Deuxième Exemple.

On demande combien 0,58^{c}. font de sols, de deniers et de parties de deniers.

Cherchez dans la colonne des décimes et centimes, la valeur qui approche le plus 0,58^{c}., et dans la colonne des centimes, le nombre qui complète 0,58^{c}. la somme de ces deux parties représentera la valeur de 0,58^{c}. en sols, den. et parties de deniers.

Opération.

		s	d
0,55^{c}. correspondent	à . . .	11.	
0,03	à	0.	7,2 dixièmes.
0,58	Réponse . . .	11	7,2 dixièm.

Addition des Mesures de longueur pour la soierie, draperie, etc.

§. I X.

L'avantage du systême du calcul décimal se fera encore mieux sentir ici, que dans les exemples précédens; parce que dans les mesures de longueur d'aunage, les subdivisions sont représentées par des fractions qui ne peuvent s'additionner, sans les avoir préalablement réduites au même dénominateur. C'est ce qui empêchoit de soumettre aux commençans des additions de cette nature, avant qu'il sfussent initiés dans le calcul des fractions; malheureusement il y en avoit beaucoup qui, rebutés par la multiplicité et la diversité des règles, restoient en chemin, sans avoir jamais pu apprendre seulement à faire une addition de fractions. Toutes ces difficultés s'applanissent devant le calcul décimal.

§. X.

Le rapport de la ci-devant aune au mètre, est comme 1 à 1,18806; et le rapport du mètre à l'aune est comme 1 à 0,84712 (*a*). Pour convertir des aunes en mètres, il faut multiplier le rapport de l'aune au mètre, par les aunes à convertir; et au contraire, si l'on veut convertir des mètres en aunes, il faut multiplier le rapport du mètre à l'aune, par les mètres à convertir (*b*).

Quatrième exemple, suivant l'arithmétique vulgaire.

Un marchand drapier reçoit un ballot de draps, contenant, savoir : une pièce de drap bleu de 18 aunes $\frac{1}{2}$; *idem* une pièce de drap vert de 15 aunes $\frac{3}{4}$; *idem* une pièce de drap gris mêlangé de 19 aunes $\frac{5}{8}$, et une pièce de drap puce de 16 aunes $\frac{7}{16}$ On demande combien d'aunes contiennent ces quatre pièces.

Opération.

Une pièce de drap bleu de . . .	18 aun.	$\frac{1}{2}$	8
Idem vert	15	$\frac{3}{4}$	12
Idem mélangé.	19	$\frac{5}{8}$	10
Idem puce.	16	$\frac{7}{16}$	7
Réponse.	70.	$\frac{5}{16}$	$\frac{37}{16} = 2.\frac{5}{16}$

(*a*) Lorsque l'on parlera ci-après des rapports, on donnera la manière de déterminer le rapport entre deux nombres.

(*b*) L'on peut, au moyen des fractions continuës, déterminer d'autres rapports. Les trois premiers sont 5 à 6, 16 à 19, 101 à 120. Le premier de ces rapports est un peu trop grand, mais 16 à 19, ou 101 à 120, approchent de très-près.

1.ère Table de Réduction.

DES PARTIES de la livre Tournois en parties Décimales du franc.				Des Centimes et Décimes en sols et deniers.				
sols.	deniers.	franc.	Parties décimales du franc.	décimes.	centimes	sols.	deniers.	dixièmes de den.
.	1. à fait	0	, 0041	.	1 fait		2	, 4
.	2.	0	, 0083	.	2		4	, 8
.	3.	0	, 0125	.	3		7	, 2
.	4.	0	, 0166	.	4		9	, 6
.	5.	0	, 0208	.	5	1	0	, 0
.	6.	0	, 0250	.	6	1	2	, 4
.	7.	0	, 0291	.	7	1	4	, 8
.	8.	0	, 0333	.	8	1	7	, 2
.	9.	0	, 0375	.	9	1	9	, 6
.	10.	0	, 0415	1	0	2	0	, 0
.	11.	0	, 0458	1	1	2	2	, 4
1 s.		0	, 05..	2	2	4	4	, 8
2		0	, 1...	3	3	6	7	, 2
3		0	, 15..	4	4	8	9	, 6
4		0	, 2...	5	5	11	0	, 0
5		0	, 25..	6	6	13	2	, 4
6		0	, 3...	7	7	15	4	, 8
7		0	, 35..	8	8	17	7	, 2
8		0	, 4...	9	9	19	9	, 6
9		0	, 45..					
10		0	, 5...					
11		0	, 55..					
12		0	, 6...					
13		0	, 65..					
14		0	, 7...					
15		0	, 75..					
16		0	, 8...					
17		0	, 85..					
18		0	, 9...					
19		0	, 95..					
20		1	, 0000.					

Pour répondre à cette question, on a commencé par réduire les fractions de l'aune au même dénominateur, c'est-à-dire, en seizièmes. La somme est de $\frac{37}{16}$, qui font 2 aunes et $\frac{5}{16}$. On a posé les $\frac{5}{16}$ sous la colonne des fractions; on a ajouté les 2 aunes avec la colonne des aunes, et on a trouvé pour la totalité des 4 pièces, 70 aunes $\frac{5}{16}$ d'aune.

§. X.

L'on va résoudre le même exemple, suivant le calcul décimal, en représentant les fractions vulgaires de l'aune par les parties décimales qui y correspondent.

Une pièce de drap bleu.	. . . .	18,5
Idem. . . . . . vert	. . . .	15,75
Idem. . . . . . gris.	. . . .	19,625
Idem. . . . . . puce	. . . .	16,4375
Réponse	. . . .	70,3125

Le résultat de cette opération est absolument le même que celui de l'opération précédente. Pour s'en convaincre, l'on n'a qu'à ramener la fraction décimale à une fraction vulgaire, comme on l'a enseigné plus haut. La fraction décimale représente $\frac{3125}{10000} = \frac{625}{2000} = \frac{125}{400} = \frac{25}{80} = \frac{5}{16}$.

Cinquième exemple, suivant l'arithmétique décimale.

Un marchand reçoit un ballot de toile de Courtrai, contenant 5 pièces, savoir : N°. 1, de $132^{m}.4^{md}.5^{mc}$; N°. 2, de $186^{m}.8^{md}.6^{mc}$.; N°. 3, $150^{m}.3^{md}.2^{mc}$; N°. 4, de $230^{m}.8^{md}.6^{mc}$; N°. 5, de $125^{m}.7^{md}.1^{mc}$. On demande à combien de mètres et parties de mètre se montent lesdites 5 pièces.

		m. mc.
N°. 1 de	. . . .	132,45
2 de	. . . .	186,86
3 de	. . . .	150,32
4 de	. . . .	230,86
5 de	. . . .	125,71
Réponse.	. . . .	826,20

Arrangez les chiffres suivant leur ordre de rang, et opérez comme sur des unités principales, et posez la virgule à sa place.

Sixième exemple, suivant le calcul décimal.

Un marchand à Paris reçoit de Lyon, une caisse d'étoffe de soie, contenant six pièces : N°. 1, de taffetas blanc, de 32^{m}. 4^{cm}. ; N°. 2, taffetas aurore de 18^{m}. 7^{md}. 6^{mc}. ; N°. 3, taffetas bleu, 25^{m}. 8^{md}. 4^{mc}. ; N°. 4, taffetas orange, 19^{m}. 8^{md}. 9^{mc}. ; N°. 5, bleu de ciel, 22^{m}. 1^{mc}. ; N°. 6, taffetas citron, 29^{m}. 4^{md}. : on demande à combien de mètres et parties de mètre, se montent les susdites six pièces.

Opération.

		m. mc.
N°. 1	Taffetas blanc.	32,04
2	. . . . aurore.	18,76
3	. . . . bleu.	25,34
4	. . . . orange.	19,89
5	. . . . bleu de ciel.	22,01
6	. . . . jaune de citron. . . .	29,4
	Réponse	147,44

Il est aisé de voir avec quelle facilité l'on opère par le calcul décimal.

§ II.

La preuve de l'addition peut se faire par l'addition même, voici de quelle manière ; commencez l'addition à gauche, et posez le montant de chaque colonne sans aucune retenue l'un au-dessous de l'autre, en avançant toujours les chiffres d'un rang vers la droite ; additionnez ces montans ; la somme doit être égale à celle déja trouvée. Par exemple dans l'opération précédente, le montant de la première colonne

à gauche est de	11.
celui de la seconde colonne de .	35.
celui de la troisième de	22.
et celui de la quatrième de . . .	24.
la totalité est pareillement . .	147,44.

La

La raison de cette opération n'est pas difficile à comprendre : car, qu'a-t-on fait en faisant l'addition ? on a ajouté les dixaines de la première colonne à droite, à la seconde colonne qui exprime des dixaines, et les dixaines de la seconde colonne, qui sont des centaines, avec la troisième colonne qui exprime des centaines, etc. Or, si on fait l'addition de gauche à droite, et que l'on pose le montant de chaque colonne l'un au-dessous de l'autre, en avançant d'un rang vers la droite, on ne fait autre chose que de replacer la valeur de tous les chiffres de chaque colonne, suivant leur ordre de rang. Parconséquent, les deux opérations doivent donner la même somme.

§ XII.

Manière de se servir de la deuxième table de réduction.

PREMIER EXEMPLE.

On demande combien 136 aunes $\frac{3}{4}$ font de mètres et parties de mètre.

Cherchez dans la table deuxième les valeurs correspondantes, posez-les, les unes au-dessous des autres, suivant leur ordre de rang ; et la somme donnera la valeur en mètres et parties de mètres.

Opération.

		m. mm.
100,	aunes correspondent à . .	118,806.
35	. . . . à . .	41,582.
1	. . . . à . .	1,183.
o. $\frac{3}{4}$	. . . . à . .	0,891.
Réponse	. . . .	162,467.

Deuxième Exemple.

On demande combien 1 kilomètre, 5 hectomèt. 3 décamètres, 6 mètres, 3 décimètres, 7 centimèt. font d'aunes et de parties de l'aune.

Pour satisfaire à cette question, cherchez dans la table la valeur en aunes, correspondante à chacune de ces expressions décimales ; posez les, les unes au-dessous des autres et faites l'addition ; la somme indiquera ce qu'elles font en mètres et parties de mètre.

C

Opération.

			au.
1 k^m.	correspond	à .	841,708.
5 h^m.		à .	420,854.
3 d^m.		à .	25,251.
6 m.		à .	5,050.
3 m^d.		à .	0,252.
7 m^c.		à .	0,058.
1 5 3 6,3 7.		à	1293,173.

Addition des mesures de longueur d'ouvrages.

§ XIII.

Le nouveau systême des poids et mesures, outre sa simplicité, et la facilité des opérations dans les calculs, a encore cet avantage, que les mesures de longueur pour les étoffes, et les mesures de longueur d'ouvrages sont les mêmes. Il en est de même des mesures de capacité, tant pour les matières liquides, que pour les denrées sèches; l'on n'en traite ici séparément, que pour faire voir l'avantage du calcul décimal dans tout son jour.

§ XIV.

Le rapport de la toise au mètre est comme . . . . . . 1 à 1,948394.

Et le rapport du mètre à la toise, comme . . . . . 1 à 0,513243.

pour réduire des toises en mètres, multipliez le rapport de la toise au mètre par les toises à réduire; et pour réduire les mètres en toises, multipliez le rapport du mètre à la toise par les mètres à réduire.

Septième exemple, suivant l'arithmétique vulgaire.

Un entrepreneur de bâtimens à fait creuser des fondations par trois terrassiers. Le premier à fait une excavacation de 224 toises 3 pieds 9 pouces 4 lignes; le second de 236 toises 4 pieds 8 pouces 6 lignes, et le troisième de 560 toises 2 pieds 10 pouces 6 lignes. On demande à combien de toises, pieds, pouces et lign. se monte la totalité du travail.

Opération.	t.	P.	p.	l.
Le premier	224	3	9	4
Le second	236	4	8	6
Le troisième	560	2	10	6
Réponse	1021	5	4	4

Pour résoudre cette question, on a commencé par additionner la colonne des lignes, les réduire en pouces, et ajouter les pouces en provenant avec la colonne des pouces; réduire la somme de la colonne des pouces en pieds, et ajouter les pieds avec la colonne des pieds; réduire la somme de la colonne des pieds en toises et les ajouter avec la colonne des toises; poser au-dessous de chaque colonne respective, des lignes, pouces, et pieds; les lignes qui ne forment pas un pouce, les pouces qui ne forment pas un pied, et les pieds qui ne forment pas une toise.

§ X V.

A l'aide du calcul décimal, on évite toute cette complication, l'on opère avec plus de promptitude, et avec plus de précision; car, à quelque point que l'on pousse la subdivision de l'unité, l'opération se fait toujours comme sur des unités principales.

Huitième Exemple, suivant le calcul décimal.

Un particulier ayant fait tappisser son appartement composé de 4 pièces; savoir: l'antichambre, en papier jaune à joints de pierre de taille, a produit 56 mèt. 4 décimèt. 7 centimèt.; le sallon en papier jaune de citron avec bordure, à produit 85 mètres, 6 décimet. 9 centimètres; la chambre à coucher, papier verd moucheté, à produit 75 mètres, 5 décimèt. 2 centi; le cabinet de travail, en papier vert uni, a produit 36 mètres, 8 décimètres, 9 centimètres. On demande à combien de mètres et parties de mètres se monte cet ouvrage.

Opération.

	m mc
Antichambre	56,47.
Sallon	85,69.
Chambre à coucher . .	75,52.
Cabinet de travail. . .	36,89.
Réponse	254,57.

Neuvième Exemple, suivant le Calcul décimal.

Plusieurs ouvrages de maçonnerie ont été évalués,

SAVOIR :

A, à 125 mèt. 6 décimèt. 4 centimèt. 3 millimèt.
B, à 625 mèt. 8 décimèt. 3 centimèt. 9 millimèt.
C, à 15 mèt. 9 centimèt. 6 millimèt.
D, à 430 mèt. 6 décimèt. 7 millimèt.

On demande à combien se monte la totalité desdits ouvrages.

Opération..

	m. mm.
A à	125,643
B à	625,839
C à	15,096
D à	430,607
Réponse.	1197,185

Quoique les sous-divisions de l'exemple ci-dessus, soient plus petites qu'une demi-ligne, suivant l'ancienne manière de s'exprimer, on voit que l'opération n'est pas devenue plus difficile pour cela ; et quand même on auroit poussé les sous-divisions à un millionième de mètre, elle n'auroit pas moins conservé la même facilité d'opérer comme sur des unités principales.

§ XVI.

Manière de se servir de la 3me. table de réduction.

PREMIER EXEMPLE.

On demande combien 54 toises 9 pieds 5 pouces 8 lignes, font de mètres et parties de mètre.

2.e Table de réduction.

des Aunes en Mètres.

Aunes.	Parties d'aune.	kilomètres.	hectomètres.	décamètres.	Metres.	Parties décimales du Metre.
0	$\frac{1}{16}$				0	074
0	$\frac{1}{8}$				0	148
0	$\frac{1}{4}$				0	297
0	$\frac{1}{3}$				0	396
0	$\frac{2}{3}$				0	792
0	$\frac{3}{4}$				0	891
1					1	188
2					2	376
3					3	564
4					4	752
5					5	940
6					7	128
7					8	316
8					9	504
9				1	0	692
10				1	1	880
15				1	7	820
20				2	3	761
25				2	9	701
30				3	5	641
35				4	1	582
40				4	7	522
45				5	3	462
50				5	9	403
55				6	5	433
60				7	1	283
65				7	7	223
70				8	3	164
75				8	9	104
80				9	5	044
85			1	0	0	985
90			1	0	6	925
95			1	1	2	865
100			1	1	8	806
200			2	3	7	612
300			3	5	6	418
400			4	7	5	224
500			5	9	4	030
600			7	1	2	836
700			8	3	1	642
800			9	5	0	448
900		1	0	6	9	254
1000		1	1	8	8	060

des Mètres en aunes.

kilomètres.	hectomètres.	décamètres.	Metres.	décimètres.	centimètres.	aunes.	Parties décimales de l'Aune.
			0	0	1	0	008
			0	0	2	0	016
			0	0	3	0	024
			0	0	4	0	033
			0	0	5	0	042
			0	0	6	0	050
			0	0	7	0	058
			0	0	8	0	067
			0	0	9	0	075
			0	1		0	084
			0	2		0	168
			0	3		0	252
			0	4		0	336
			0	5		0	420
			0	6		0	504
			0	7		0	588
			0	8		0	672
			0	9		0	756
			1			0	841
			2			1	683
			3			2	525
			4			3	366
			5			4	208
			6			5	050
			7			5	891
			8			6	733
			9			7	575
		1	0			8	417
		1	5			12	625
		2	0			16	834
		2	5			21	042
		3	0			25	251
		3	5			29	459
		4	0			33	668
		4	5			37	876
		5	0			42	085
	1	0	0			84	170
	5	0	0			420	854
	6	0	0			505	024
	7	0	0			589	055
	8	0	0			673	366
	9	0	0			757	537
1	0	0	0			841	708

Cherchez dans la table les nombres correspondans à chacune de ces mesures et faites en l'addition.

Opération.

			m. mm.
50 t^{ses}. . .	correspondent	à .	97,419
4		à .	7,793
0.9 p^{ds}.		à .	2,922
0.5 p^{ces}.		à .	0,135
0. 8 l.		à .	0,018
Réponse			108,287

Deuxième Exemple.

On demande combien, 1 kilomètre, 3 hectomèt. 1 décamètre, 5 mètres, 4 décimètres, 4 centimètr. 8 millimètres, font de toises, pieds, pouces et lignes.

Opération.

			t. P. p. l.
1 k^{m}. . . .	correspond	à .	513.1. 5.5,252
. 3 h^{m}.		à .	153.5.10.0,585
. . 1 d^{m}.		à .	5.0. 9.6,419
. . . 5 m.		à .	2.3. 4.9,209
. . . . 4 m^{d}. . . .		à .	0.1. 2.9,376
. . . . . 4 m^{c}. . .		à .	0.0. 1.5,737
. . . . . . 8 m^{m}..		à .	0.0. 0.3,546
1 3 1 5, 4 4 8		à .	675.0. 9.4,124

Addition des Poids.

§ XVII.

Le rapport du marc au grame
est comme . . . . 1 à 244,573005
ett le rapport du gramme au
marc comme . . . . . 1 à 0,004084
pour réduire des marcs en grames, multipliez le rapport du marc au grame par les marcs à réduire ; et pour réduire des grames en marcs, multipliez le rapport du grame au marc par les grames à réduire.

Dixième exemple, suivant l'arithmétique vulgaire.

Un marchand orfèvre a acheté les articles ci-après, savoir : 35 marcs 4 onces 3 gros 12 grains, *idem* 48 marcs 3 onces 1 gros 18 grains, *idem* 65 m. 7 onces 2 gros 36 grains, *idem* 115 marcs 5 onces 6 gros 24 grains.

On demande à combien se monte la totalité de ces divers achats.

Opération.

	m.	o.	g.	g.
Article 1er.	35.	4.	3.	12
2	48.	3.	1.	18
3	65.	7.	2.	36
4	115.	6.	6.	24
Réponse à	265.	5.	5.	18

Pour résoudre cette question, il faut réduire la somme des grains en gros, celle des gros en onces et celle des onces en marcs, et poser, sous chaque colonne respective, les grains, gros et onces, qui nè font pas un gros, un once et un marc.

§ XVIII.

Opposons à cette manière d'opérer un exemple, suivant l'arithmétique décimale ; on verra que tout se réduit à une addition d'unités principales.

Onzième Exemple, suivant le calcul décimal.

On a fait 4 pesées d'argent : la première de 3 kilogrames 6 hectogrames 9 décagrames 7 grames 8 décigrames 6 centigrames ; la seconde pesée, de 6 kilog^r^. 7 hectog^r^. 5 décag^r^. 4 g^r^. 6 décig^r^. 2 centig^r^ ; la troisième pesée, de 9 kilog^r^. 6 décag^r^. 3 décig^r^. 1 centig^r^. ; la quatrième pesée, de 2 kilog^r^. 7 hectog^r^. 4 décag^r^. 6 g^r^. 2 décig^r^. et 5 centigrames.

Arrangez les chiffres suivant leur ordre de rang, et opérez comme sur des unités principales.

p. 34 et 35.

e Réduction.

Du Mètre et parties du Mètre, en Toises, Pieds, Pouces, Lignes et parties de Lignes.

s. res. ètres res.

Parties

p. 34 et 35.

3.e Table de Réduction.

De la Toise, Pieds, Pouces, Lignes, en Mètres et parties du Mètre.						Du Mètre et parties du Mètre, en Toises, Pieds, Pouces, Lignes et parties de Lignes.								
Toises.	Pieds.	Pouces.	Lignes.	Mètres.	Patries décimales du Mètre.	Mètres.	Décimètres.	Centimètres.	Millimètres.	Toises.	Pieds.	Pouces.	Lignes.	Parties décimales de la Ligne.
			1	0	0022	0	0	0	1				0	443
			2	0	0045				2				0	886
			3	0	0067				3				1	330
			4	0	0090				4				1	773
			5	0	0112				5				2	217
			6	0	0135				6				2	660
			7	0	0157				7				3	093
			8	0	0180				8				3	546
			9	0	0202				9				4	009
			10	0	0225			1					4	434
			11	0	0247			2					8	858
		1		0	0270			3				1	1	303
		2		0	0541			4				1	5	737
		3		0	0811			5				1	10	172
		4		0	1082			6				2	2	606
		5		0	1353			7				2	7	040
		6		0	1623			8				2	11	475
		7		0	1894			9				3	6	909
		8		0	2164		1					3	8	344
		9		0	2435		2					7	4	688
		10		0	2706		3					11	1	032
	1			0	3247		4				1	2	9	376
	2			0	6494		5				1	6	5	720
	3			0	9741		6				1	8	2	064
	4			1	2989		7				2	1	10	408
	5 (brasse)			1	6236		8				2	5	6	752
1				1	9483		9				2	9	3	096
2				3	8967	1					3	0	11	044
3				5	8451	2				1	0	1	10	882
4				7	7935	3				1	3	2	10	425
5				9	7419	4				2	0	3	9	767
6				11	6903	5				2	3	4	9	209
7				13	6387	6				3	0	5	8	651
8				15	5871	7				3	3	6	8	093
9				17	5355	8				4	0	7	6	535
10				19	4839	9				4	3	8	6	977
50				97	4197	10				5	0	9	6	419
100				194	8394	50				25	3	11	8	096
200				389	9678	100				51	1	11	4	195
300				584	5184	200				102	3	10	8	390
400				779	3579	300				153	5	10	0	585
500				974	1974	500				256	3	8	8	975
1000				1948	3948	1000				513	1	5	5	952

Opération.

	g. gc.
1re. pesée	3697,86
2e. pesée	6754,62
3e. pesée	9060,31
4e. pesée	2746,25
Réponse	22259,04

Douzième Exemple, suivant le systéme décimal.

Uu particulier a acheté diverses pièces d'argenterie, savoir : des couverts pesant 8 kilogr. 9 hectogr. 2 décagr. 4 décigr. 9 centigr. ; une soupière pesant 7 hectogr. 9 décagr. 6 gr. 3 centigr. ; une caffetière pesant 5 hectogr. 9 décagr. 4 gr. 5 centigr.

On demande la totalité du poids de cette argenterie.

Opération.

	g. gc.
Couverts	8920,49
Soupière	796,03
Cafetière	594,05
Réponse	10310,57

Le résultat peut se lire de deux manières, 1°. en lisant dix mille trois cent dix grames, cinquante sept centigrames. 2°. en lisant un myriagrame, trois hectogrames, un décagrame, cinq décigrames, sept centigrames.

§ XIX.

Manière de se servir de la 4me. table de réduction.

PREMIER EXEMPLE.

On propose de réduire 3 livres, 5 onces, 7 gros, 12 grains, en grames et parties du grame.

Cherchez dans la table de réduction les grames et parties du grame qui correspondent à chacun des poids que l'on a demandé à réduire, additionnez les ;

et la somme sera les grames et parties du grame qui correspondent à $3^{tt}5^{o}7^{gr}.12^{gr}$.

Opération.

			g. gm.
3 ₶ . . .	correspondent	à .	1467,438
5°.		à .	152,858
7 gros		à .	26,750
12 gr.		à .	0,636
Réponse			1647,682

Deuxième Exemple.

On demande combien 1 kilograme, 1 hectograme, 5 décagrames, 6 grames, 8 décigrames, 4 centigr. font de marcs, onces, gros et grains.

Cherchez dans la table les parties correspondantes, et faites en l'addition.

Opération.

			₶.	o.	gr.	g.
1 kg. . . .	correspond	à	4.	0.	5.	49,
. . . 1 hg.		à	0.	3.	2.	12,100
. . . . 5dg.		à	0.	1.	5.	6,050
. . . . . 6g.		à	0.	0.	1.	41,046
. . . . . . 8gd.		à	0.	0.	0,	15,072
. . . . 4gc. . . .		à	0.	0.	0.	0,753
1 1 5 6, 8 4			4.	5.	6.	52,021

Nota. Pour les myriagrames et kilogrames qui ne se trouvent pas dans la table, l'on peut y suppléer par la multiplication, par exemple : si l'on vouloit avoir la valeur de 2 myriagrames multipliez 40 m. 7 o. 0 gr. 58 g. par 2. Et pour avoir la valeur de 3 kilogrames l'on multipliera 4 m. 0 o. 5 gr. 49 gr. par 3, etc.

Addition des mesures de capacité de matières liquides.

§. X X.

Dans l'ancien systême, il y avoit deux sortes de mesures de capacité, une pour les matières liquides, et l'autre pour les denrées sèches. Ces mesures varioient de

4.e Table de Réduction.

du marc en grames.

Marcs.	Onces.	Gros.	Grains.	Grames.	Parties décimales du Grame.
			1	0	530
			2	0	1061
			3	0	1592
			4	0	2022
			5	0	2653
			6	0	3184
			12	0	6368
			24	1	2736
			36	1	9105
		1		3	8214
		2		7	6429
		3		11	4643
		4		15	2858
		5		19	1072
		6		23	9287
		7		26	7501
	1			30	5716
	2			61	1432
	3			91	7148
	4			122	2864
	5			152	8581
	6			183	4297
	7			214	0013
1				244	5730
2 (ou 1 livre)				489	1460
3				733	7190
4				998	2920
5				1222	8650
6 (3 livres)				1467	4380
7				1712	0110
8 (4 livres)				1956	5840
9				2201	1570
10 (5 livres)				2445	7300
11				2690	3030
12 (6 livres)				2934	8760
15				3668	5950
30 (15 livres)				7337	1900
60 (30 livres)				14674	3800
70 (35 livres)				17120	1100
80 (40 livres)				19565	8400
100 (50 livres)				24457	3005
1000				244573	005

du grame en marc.

Myriagrames.	Kilogrames.	Hectogrames.	Décagrames.	Grames.	Décigrames.	Centigrames.	Milligrames.	Marcs.	Onces.	Gros.	Grains.	Parties décimales du Grain.
							1				0	018841
							2				0	037682
							3				0	056523
							4				0	075364
							5				0	094205
							6				0	113046
							7				0	131887
							8				0	150728
							9				0	169569
						1					0	18841
						2					0	37682
						3					0	56523
						4					0	75364
						5					0	94205
						6					1	13046
						7					1	31887
						8					1	52728
						9					1	69569
					1						1	8841
					2						3	7682
					3						5	6523
					4						7	5364
					5						9	4205
					6						11	3046
					7						13	1887
					8						15	0728
					9						16	9569
				1							18	841
				2							37	682
				3							56	523
				4						1	3	364
				5						1	22	205
				6						1	41	046
				7						1	59	887
				8						2	6	728
				9						2	23	569
			1	0						2	44	410
			2	5						6	39	025
			5	0					1	5	6	050
		1	0	0					3	2	12	100
	1	0	0	0				4	0	5	49	000
1	0	0	0	0				40	7	0	58	000

de nom, de grandeur, dans presque chaque commune; de sorte qu'à une lieue de son domicile, l'on ne connoissoit plus ni le nom, ni la capacité des mesures qui y étoient en usage; dans le nouveau système, il n'y a plus qu'une seule mesure de capacité, tant pour les matières liquides, que pour les denrées sèches; c'est le *Litre* (*a*).

§ XXI.

Le rapport de la Pinte au litre est comme 1 à 0,951189, et le rapport du litre à la Pinte est comme 1 à 1,051315. Pour réduire des Pintes en litres, multipliez le rapport de la pinte au litre par les pintes à réduire; et pour réduire les litres en pintes, multipliez le rapport du litre à la pinte par les litres à réduire.

Treizième exemple, suivant l'arithmétique vulgaire.

Un marchand de vin fait jauger 3 pièces de vin: la première contient 2 muids, 24 setiers, 6 pintes, 1 chopine. La seconde pièce contient 1 muid, 30 seti. 5 pintes; et la troisième pièce 1 muid, 18 setiers, 4 pintes, 1 chopine. On demande la totalité de la contenance des trois pièces.

Opération.

	m.	s.	p^{e}.	ch.
1re. pièce	2.	24.	6.	1
2e. pièce	1.	30.	5.	0
3e. pièce	1.	18.	4.	1
Réponse	6.	2.	0.	0

Quatrième Exemple, suivant le calcul décimal.

Un marchand reçoit quatre pièces de vin; la 1re. contient 2 hectolitres, 5 décalitres, 6 litres, 4 déci-

(*a*) Le muid à Paris est compté pour 288 pintes ou 36 setiers, le setier de 8 pintes, la pinte de 2 chopines, la chopine de deux demi-setiers, le demi-setier de deux poissons, et le poisson de 4 roquilles. La pinte est de 48 pouces cubes.

litres, 9 centilitres; la seconde pièce, 2 hectolitres, 8 décalitres, 5 litres, 7 décilitres, 6 centilitres; la troisième pièce, 1 hectolitre, 9 décalitres, 8 décilitres, 4 centilitres; et la quatrième pièce, 3 hectolitres, 6 litres, 9 centilitres. On demande à combien se monte la contenance des quatre pièces.

Opération.

	l. lc.
1re. pièce	256,49
2e.	285,76
3e.	190,84
4e.	306,09
Réponse	1039,18

Quoique dans cette question, les sous-divisions soient beaucoup plus petites que dans l'exemple précédent, selon l'ancienne sous-division; l'opération en est néanmoins beaucoup plus simple, en ce que l'on opére comme sur des unités simples et principales, sans être obligé d'avoir recours à des réductions.

Quinzième Exemple, suivant le calcul décimal.

Un marchand épicier en gros a fourni à un détaillant, les quantités d'eau-de-vie ci-après, savoir : le 1er. vendémre. 2 hectolitres, 1 litre, 9 centilitres; le 10 brumre. 1 hectolitre, six décalitres, 4 litres, 6 décilitres; le 30 brumre. 2 hectolitres, 4 litres, 3 centilitres. On demande à quelle quantité de litres et parties de litre se montent lesdites trois fournitures.

Opération.

	l. lc.
1re. fourniture	201,09
2e. fourniture	164,60
3e. fourniture	204,03
Réponse	569,72.

§ XXII.

Manière de se servir de la 5me. table de réduction.

PREMIER EXEMPLE.

Une pièce de vin, d'après le jaujeage, se trouve contenir 1 muid, 3 setiers, 7 pintes. On demande quelle sera sa contenance en litres et parties du litre.

Opération.

			l. lm.
1^{md}. . . .	correspond	à . .	273,939
o. 3^{s}.		à . .	22,828
o. 7 pintes		à . .	6,658
	Réponse	à . .	303,425

On peut lire 3 hectolitres, 3 litres, 4 décilitres, 2 centilitres, 5 millilitres; ou trois cent trois litres, 425 millilitres.

Deuxième Exemple.

On demande combien 3 hectolitres, 8 décalitres, 2 litres; font de pintes et parties de pinte.

Opération.

			p^{e}.
3 hectolitres,	correspondent	à . .	315,394
8^{dl}.		à . .	84,104
2^{l}.		à . .	2,102
	Réponse . . .	à . .	401,600

Addition des mesures de capacité de denrées sèches.

§ XXIII.

Le rapport du litron au litre est comme 1 à 0,792651; et le rapport du litre au litron est comme 1 à 1,261556. Pour réduire des litrons en litres, multipliez le rapport du litron au litre par les litrons à réduire; et pour réduire des litres en litrons, multipliez le rapport du litre au litron par les litres à convertir (a).

Seizième Exemple, suivant l'arithmétique vulgaire.

Un fermier a trois batteurs; ils ont battu, le premier jour, 6 setiers, 8 boisseaux, 6 litrons; le second, 5 setiers, 4 boisseaux, 8 litrons, et le troisième, 7 set. 11 boisseaux, 12 litrons. On demande la totalité de grains qu'ils ont battu dans les trois jours.

Opération.

		ſ. b. l.
le 1er. jour	. . . .	6. 8. 6
le 2e. jour	. . . .	5. 4. 8
le 3e. jour	. . . .	7.11.12
		m. ſ b. l.
Réponse	. . . .	1. 8. 0.10

Dix-septième Exemple, suivant le calcul décimal.

Un marchand porte à la halle de Paris, quatre voitures de grain : la première voiture porte 4 kilolitres, 6 hectolitres, 4 décalitres, 8 litres, 6 décilitres, 5 centilitres. La seconde voiture porte 6 kilolitres, 9 hectolitres, 7 litres, 6 centilitres. La troisième voiture, 3 kilolitres, 4 hectolitres, 3 litres, 5 décilitres. La 4e. voiture, 4 kilolitres, 5 décilitres, 7 centilitres. On demande la quantité totale que portoient les quatre voitures.

Opération.

		l. lc.
1re. voiture	. . . .	4648,65
2e. voiture	. . . .	6907,06
3e. voiture	. . . .	3403,50
4e. voiture	. . . .	4000,57
Réponse	. . . .	18959,78

(a) Le muid de bled est de 12 sétiers, le setier de 12 boisseaux, le boisseau de 16 litrons.

La capacité du boisseau est de 640 pouces cubes; le litron, qui en est un seizième, est de 40 pouces cubes.

p. 41.

5.e Table de Réduction

des Mesures de matières Liquides.

	Des Pintes en Litres			Des Litres en Pintes.		
	Pintes.	Litres.	Parties décimales du Litre.	Litres.	Pintes.	Parties décimales de la pinte
	1	0	, 951	1	1	, 051
	2	1	, 902	2	2	, 102
	3	2	, 853	3	3	, 154
	4	3	, 804	4	4	, 205
	5	4	, 756	5	5	, 256
	6	5	, 658	6	6	, 307
	7	6	, 658	7	7	, 359
1 setier.	8	7	, 609	8	8	, 410
	9	8	, 560	9	9	, 461
	10	9	, 511	10	10	, 513
	12	11	, 414	15	15	, 769
	18	17	, 221	20	21	, 026
3 setiers	24	22	, 828	30	31	, 539
	36	34	, 242	40	42	, 052
	72	68	, 484	50	52	, 565
	100	95	, 118	60	63	, 078
	144	133	, 969	70	73	, 591
	200	190	, 236	80	84	, 104
1 muid.	288	273	, 939	90	94	, 617
	300	285	, 354	100	105	, 131
	400	380	, 472	200	210	, 263
	500	475	, 590	300	315	, 394
	600	570	, 708	500	525	, 657

§ XXIV.

Manière de se servir de la 6e. table de réduction.

PREMIER EXEMPLE.

On demande à réduire en mesures républicaines, 3 muids, 9 setiers, 6 boisseaux, 12 litrons.

Pour répondre à cette demande, cherchez les valeurs en mesures républicaines, qui correspondent à chacune des mesures anciennes, et faites en l'addition.

Opération.

		l. ld.
3 muids correspondent	à . .	5478,8037
9 setiers . . .	à . .	1369,7009
6 boisseaux .	à . .	76,0944
12 litrons .	à . .	9,5118
3. 9.6.12 . . .	à . .	6934,1108

Deuxième Exemple.

On demande combien 2 myrialitres, 3 kilolitres, 5 hectolitres, 7 décalitres, 4 litres, font de setiers, de boisseaux, et de litrons.

Opération.

		set.	b.	lit.
2 myl. correspondent	à . .	131.	4.	15,1240
3 kil.	à . .	19.	9.	4,6686
5 hl.	à . .	3.	3.	4,7781
7 dl. . . .	à . .	0.	5.	8,3089
4 l. . . .	à . .	0.	0.	5,0462
2. 3. 5. 7. 4	à . .	144.	11.	5,9258

Chapitre septième.

De la Soustraction des quantités.

§ PREMIER.

LA *Soustraction* est une opération arithmétique, par laquelle on détermine de combien un nombre est plus grand qu'une autre nombre. Le nombre qui résulte de cette opération s'appelle *différence* ou *reste*. Quand on connoît un des deux nombres et la différence, il est facile de trouver l'autre nombre ; car le plus grand nombre moins la différence est égal au plus petit nombre. Et le plus petit nombre plus la différence est égal au plus grand nombre. On a souvent recours à ce principe.

Soustraction des monnoies de compte.

Premier Exemple, suivant l'arithmétique vulgaire.

Un banquier doit payer 633,509 ₶. 17 s. 9 d. ; en conséquence, il demande à son caissier l'état de situation de sa caisse. Suivant le bordereau du caissier, il se trouve en caisse 1,315000 ₶. 4 s. 6 d. On demande combien il restera en caisse, après avoir effectué le payement.

Opération.

Somme en caisse . . .	1.315.000 ₶	4 s.	6 d.
Somme à payer . . .	633.509 ₶	17 s.	9 d.
Réponse ; il restera .	681.490 ₶	6 s.	9 d.

§ II.

Analysons cette opération ; l'on verra que pour répondre à cette question, il a fallu commencer par emprunter un sol de la colonne des sols, le réduire en deniers, et dire 12 d. et 6 d. font 18 d., qui de 18 ote 9 reste 9, que l'on a posé au-dessous de la colonne des deniers ; après-cela, l'on a emprunté une livre de la colonne des livres, on l'a réduite en sols, et on a dit, 20 s. et 3 s. font 23 sols, qui de 23 ote 17 reste 6, que l'on a posé au-dessous de la colonne des sols ; et on a achevé la soustraction comme à l'ordinaire, en se rappellant, qu'à cause de l'emprunt fait aux livres, le 5 ne vaut plus que 4, et les zéros sont devenus successivement chacun neuf ; l'opération devient beaucoup plus simple dans le calcul décimal, où l'on opére sur les parties de l'unité, comme sur des unités simples et principales.

6.e Table de Réduction.

Des mesures de Capacité de Denrées Sèches.

Du Muid et parties du muid, en litres et parties du Litre.

Muids.	Setiers.	Boisseaux.	Litrons.	Litres.	Parties décimales du Litre.
			1	0	, 7926
			2	1	, 5853
			3	2	, 3779
			4	3	, 1706
			5	3	, 9632
			6	4	, 7559
			7	5	, 5485
			8	6	, 3412
			9	7	, 1338
			10	7	, 9265
			11	8	, 7291
			12	9	, 5118
			13	10	, 3044
			14	11	, 0971
			15	11	, 8897
		1		12	, 6824
		2		25	, 3648
		3		38	, 0472
		4		50	, 7296
		5		63	, 4120
		6		76	, 0944
		7		88	, 7768
		8		101	, 4592
		9		114	, 1416
		10		126	, 8241
		11		139	, 5065
	1			152	, 1889
	2			304	, 3779
	3			456	, 5669
	4			608	, 7559
	5			760	, 9449
	6			913	, 1339
	7			1065	, 3226
	8			1217	, 5119
	9			1369	, 7009
	10			1521	, 8899
	11			1674	, 0789
1				1826	, 2679
2				3652	, 5358
3				5478	, 8037

Du Myrialitre, et de ses sous-divisions en setiers, et parties du setier.

Myrialitres.	Kilolitres.	Hectolitres.	Décalitres.	Litres.	Setiers.	Boisseaux.	Litrons.	Parties décimales du Litron.
				1			1	, 2615
				2			2	, 5231
				3			3	, 7846
				4			5	, 0462
				5			6	, 3077
				6			7	, 5693
				7			8	, 8308
				8			10	, 0924
				9			11	, 3539
			1				12	, 6155
			2			1	9	, 2311
			3			2	5	, 8466
			4			3	2	, 4622
			5			3	15	, 7781
			6			4	11	, 9633
			7			5	8	, 3089
			8			6	4	, 9244
			9			7	1	, 5400
		1				7	14	, 1556
		2			1	3	12	, 3112
		3			1	11	10	, 4668
		4			2	1	4	, 6224
		5			3	3	4	, 7781
		6			3	11	14	, 9337
		7			4	7	5	, 0893
		8			5	3	1	, 2449
		9			5	10	15	, 4005
	1				6	6	13	, 5562
	2				13	1	11	, 1124
	3				19	9	4	, 6686
	4				26	2	6	, 2248
	5				34	8	4	, 7810
	6				39	5	1	, 3372
	7				45	11	14	, 8934
	8				52	6	12	, 4496
	9				59	1	10	, 0058
1					65	8	7	, 562
2					131	4	15	, 124
3					197	1	6	, 686

Deuxième Exemple, suivant le calcul décimal.

Quelqu'un doit 6934 francs, 15 centimes, sur lesquels il a payé à compte 2965 francs, 75 centimes; on demande combien il reste dû.

Opération.

	f. c.
Somme à payer	6934,15
Somme payée à compte . . .	2965,75
Réponse; il reste dû	3968,40

§ III.

Soustraction de longueur pour les Etoffes.

Troisième Exemple, suivant l'arithmétique vulgaire.

D'une pièce de drap de 25 aunes $\frac{1}{2}$, on a vendu 13 aunes $\frac{3}{4}$, en demande combien il en reste.

Opération.

	au^e^.	
Longueur totale de la pièce . . .	25 $\frac{1}{2}$	2
On en a vendu	13 $\frac{3}{4}$	3
Réponse; il reste	11 $\frac{3}{4}$	

Quatrième Exemple.

Résolution de cette même question, suivant le calcul décimal, où les fractions vulgaires sont représentées par les parties décimales qui y correspondent.

Longueur totale de la pièce . . .	25,50
On en a vendu	13,75
Réponse	11,75

Le résultat est absolument le même, car $\frac{75}{100}$ est égal à $\frac{3}{4}$.

Cinqième Exemple, suivant le calcul décimal.

D'une pièce de toile de 230 mètres, 9 décimètres, 6 centimètres, on a vendu 150 mètres, 7 décimèt., 5 centimètres; on demande combien il en reste.

Opération.

	m. m^c.
Longueur de la pièce	230,96
On en a vendu	150,75
Réponse ; il en reste . . .	80,21

Sixième Exemple.

D'une longueur de 3 kilomètres, 6 hectomètres, 8 décamètres, 7 mètres, 6 décimètres, 8 millimètr. on a retranché un kilomètre, 9 hectomètres, 8 déca. 7 mètres, 3 décimètres, 4 centimètres, 5 millimèt. On demande combien il en reste.

Opération.

	m mm
De la longueur de	3687,608
On a retranché	1987,345
Réponse ; il reste . . .	1700.263

§ I V.

Soustraction de longueur d'ouvrages.

Septième Exemple, suivant l'arithmétique vulgaire.

Quelques ouvriers ont été chargés de faire un ouvrage de 2536 toises, 4 pieds, 6 pouces, 4 lignes. Ils en ont fait 525 toises, 5 pieds, 7 pouces, 10 lig. On demande combien il reste à faire pour l'achèvement dudit ouvrage.

Opération.

	t.	p^d.	p^o.	l.
Ouvrage entrepris	2536.	4.	6.	4
Ouvrage fait	525.	5.	7.	10
Réponse ; il reste à faire . .	2010.	4.	8.	6

§ V.

Ponr résoudre cette question, il a fallu avoir recours aux emprunts et réductions aux mêmes dénominations, suivant l'exigence des cas ; par le calcul décimal, on évite toutes ces difficultés.

Huitième

Huitième Exemple, suivant le calcul décimal.

Un particulier fait entourer son jardin d'un fossé; le jardin a de pourtour 1 kilomètre, 3 hectomètres, 2 décamètres, 6 mètres, 8 décimètres, 4 centimèt. Il en a été fait 9 hectomètres, 8 décamètres, 9 mèt. 7 décimètres, 6 centimètres; on demande combien il en reste encore à faire

Opération.

	m mc
Pourtonr du jardin	1326,84
Ouvrage fait	989,76
Réponse; il reste à faire . .	337,08

Neuvième Exemple, suivant le calcul décimal.

On sait que de douze mille six cent cinquante huit mètres, trois cent quinze millimètres, après en avoir retranché une quantité de mètres et parties de mètre quelconque, il est resté deux mille neuf cent vingt-six mètres, six cent soixante-dix-huit millimètres. On demande quel étoit le nombre de mètres et parties de mètre que l'on avoit retranché.

Pour répondre à cette question, il faut se souvenir de ce que l'on a dit ci-dessus, que le plus grand nombre moins la différence donne le plus petit nombre. En conséquence, si de $12658^{m},315^{mm}$, on ôte la différence $2926^{m},678^{mm}$, ce qui reste après cette opération, doit nécessairement donner le nombre retranché.

Opération.

Le plus grand nombre . . .	$12658^{m},315^{mm}$
Différence	2926 ,678
Réponse; le nombre retranché étoit de . . .	$9731^{m},637^{mm}$

§ VI.

Soustraction des Poids.

Dixième Exemple, suivant l'arithmétique vulgaire.

Un orfèvre ayant un lingot d'argent pesant 25

marcs, 4 onces, 5 gros, 48 grains, duquel il a coupé pour divers ouvrages, 9 marcs, 7 onces, 6 gros, 60 grains, on demande combien il reste dudit lingot.

Opération.

Poids total du lingot . .	25.^{m} 4°. 5^{gro}. 48^{gr}.
Quantité coupée	9. 7. 6. 60.
Réponse, il reste . .	15. 4. 6. 60

§ VII.

A cause de l'incohérence de la sous-division de l'unité adoptée pour les poids, il a encore fallu avoir recours aux emprunts et réductions ; toutes ces difficultés se trouvent éliminées par le calcul décimal.

Onzième Exemple, suivant le calcul décimal.

De divers lingots pesant ensemble 1 myriagrame, 2 kilogrames, 8 décagrames, 5 grames, 7 décigra. 3 centigrames, on a vendu 9 kilogrames, 6 hectogr. 4 décagrames, 8 grames, 5 décigrames, 9 centigrames ; on demande le poids restant.

Opération.

	g gc
Poids des divers lingots . . .	12085,73
Vente faite	9648,59
Réponse, il reste	2437,14

Douzième Exemple, suivant le calcul décimal.

Une caisse de cassonade pèse 9 myriagrames, 8 kilogrames, 7 hectogrames, 9 grames, 6 décigrames ; la caisse se trouve peser 3 kilogrames, 9 grames, 8 décigrames. On demande le poids net de la cassonade.

Opération.

	g. gd.
Poids brut	98709,6
Tare pour la caisse	3009,8
Poids de la cassonade net.	95699,8

§ VIII.

Soustraction des mesures de capacité de matières liquides.

Treizième Exemple, suivant l'arithmétique vulgaire.

D'une pièce de vin contenant 2 muids, 18 setiers, 6 pintes, 1 chopine; on a tiré 30 setiers, 7 pintes; on demande combien il en reste dans la pièce.

Opération.

	md.	s.	pt^e.	ch.
Contenance de la pièce . .	2.	18.	6.	1
Quantité tirée de la pièce .	0.	30.	7.	0
Réponse, il reste . .	1.	23.	7.	1

Quatorzième Exemple, suivant le calcul décimal.

D'une pièce d'eau-de-vie de Montpellier, contenant 2 myrialitres, 8 hectolitres, 6 litres, 3 décilitres; on a vendu 9 kilolitres, 8 hectolitres, 1 décalitre, 6 centilitres; on demande combien il reste dans la pièce.

Opération.

	l lc.
Contenance de la pièce . . .	20806,30
Quantité vendue	9810,06
Réponse; il reste	10996,24

§ IX.

Soustraction des mesures de capacité de denrées sèches.

Quinzième Exemple, suivant l'arithmétique vulgaire.

D'un tas de grains de 6 muids, 10 setiers, 8 boisseaux, 12 litrons, on en a porté au marché 2 muids, 11 set. 10 boisseaux, 14 litrons; on demande combien il en reste.

Opération.

	m[d]	set.	b.	l.
Quantité contenue au tas . . .	6.	10.	8.	12
Quantité portée au marché . . .	2.	11.	10.	14
Réponse, il reste	3.	10.	9.	14

Seizième Exemple, suivant le calcul décimal.

Il est entré dans un magasin de la république 130 myrialitres, 9 kilolitres, 6 hectolitres, 6 litres, 5 décilitres, 4 centilitres d'avoine ; le garde-magasin a délivré aux troupes, suivant les récépissés, 98 myrialitres, 8 kilolitres, 7 litres, 8 décilitres, 9 centilitres ; on demande combien il reste en magasin.

Opération.

	l lc
Il est entré au magasin . . .	1309606,54
Il a été délivré aux troupes . .	988007,89
Réponse, il doit rester . .	321598,65

§ X.

La preuve de la Soustraction se fait par l'addition ; en ajoutant la *différence*, ou *reste*, au nombre que l'on a soustrait, la somme doit être égale au nombre duquel on a fait la soustraction : ainsi, dans l'exemple ci-dessus :

Si au nombre soustrait, ci. . . .	988007,89
On ajoute le *reste* ou *différence*. .	321598,65
La somme est égale au nombre duquel on a soustrait	1309606,54

Preuve de l'addition par la soustraction.

La preuve de l'addition se fait aussi par la soustraction, en cette manière. Supposons que l'on ait à ajouter ensemble les quantités suivantes.

f. c.
694,15
1849,05
7823,17
10366,37
9672,22
694,15

Après avoir fait l'addition, on a trouvé 10366f[r],37[c]. ; on sépare par un trait une des quantités, n'importe laquelle ; on additionne de nouveau les quantités restantes, et l'on soustrait leur somme de la première ; le reste doit être égal a la quantité qu'on a séparée par le trait.

Chapitre huitième.

De la Multiplication des quantités.

§ I.

La multiplication est une opération arithmétique, par laquelle on prend un nombre donné autant de fois qu'il y a d'unités dans une autre nombre. Le premier de ces nombres s'appelle *multiplicande*, et le second, *multiplicateur*; et le nombre qui résulte de la multiplication du multiplicande par le multiplicateur, s'appelle *produit*.

§ II.

C'est principalement dans la multiplication et dans la division, que l'on sentira le grand avantage, la facilité, et la promptitude avec laquelle on opère, au moyen du calcul décimal.

§ III.

MULTIPLICATION des mesures de longueur pour les étoffes, etc.

Premier Exemple, suivant l'arithmétique vulgaire.

Combien coûteront 125 aunes ½ d'étoffe de soie, à raison de 7 ₶. 8 ſ. 6 ᵭ. l'aune.

	au.	*Opération.*		
	125 ½.			
à	7 ₶	8 ſ	6 ᵭ.	
	875 ₶	ſ	ᵭ.	
	25	0	0	produit de 4 ſ.
	25	0	0	*idem.*
	3	2	6	produit de 6 ᵭ.
	3	14	3	produit de la ½ aune.
Réponse . .	931 ₶	16 ſ	9 ᵭ.	

Pour résoudre cette question, on a commencé par multiplier 125 aunes par 7 liv. tournois. Puis on s'est servi d'un moyen appelé parties aliquotes, en disant: 4 sols font un ⅕ de la livre tournois, et en conséquence on a pris le cinquième de 125 ₶, que l'on a posé deux fois à cause des 8 sols. Après cela, on a pris pour les 6 den. le huitième du produit de 4 sols, parceque 4 sols font 48 deniers, dont 6 deniers font $\frac{1}{8}$; et enfin pour la demi-aune, on a pris la moitié de 7 ₶ 8 ſ 6 ₰, et l'on a ajouté tous ces produits ensemble.

§ I V.

Cette manière d'opérer n'a rien de stable ; on auroit pu prendre toutes autres sous-divisions aliquotes que celles dont on s'est servi, et elles auroient conduit au même but. Au lieu que le calcul décimal n'a qu'un seul principe ; c'est d'opérer la multiplication sur les parties de l'unité, comme sur les unités simples et principales ; et de séparer du produit, par la virgule de démarcation, autant de chiffres qu'il y a de caractères décimaux au multiplicande et au multiplicateur pris ensemble.

§ V.

Pour faire voir la simplicité du calcul décimal, résolvons la même question, en représentant les sous-divisions, tant de l'aune que de la livre tournois, par les parties décimales qui y corresdondent.

125 aunes $\frac{1}{2}$ correspondent à . . 125,5
7 ₶ 8 ſ 6 ₰ correspondent à . . 7,425

Opération.

```
    125,5
     7,425
  --------
     6275
     2510
    5020
   8785
  --------
  931,8375   Réponse.
```

Ce résultat est absolument le même que le précédent, parceque le premier chiffre après la virgule, désigne 8 décimes qui sont égaux à 16 sols, et 375 millièmes d'un franc, désignés par les trois autres chiffres, sont égaux à 9 ₰.

Il est impossible de ne pas convenir de la simplicité et de la facilité de cette manière d'opérer, qui, n'exigeant aucune tension d'esprit, est parconséquent moins sujette à erreur.

Deuxième Exemple, suivant le calcul décimal.

On a acheté 456 mètres, 9 decimètres, 4 centim. à raison de 27 francs, 6 décimes, 3 centimes, le mètre; on demande combien a coûté la totalité.

Opération.

	m. mc.
Mètres achetés	456,94
	f. c.
Prix du mètre	27,63
	137082
	274164
	319858
	91388
Réponse	12625,2522

Comme la sous-division du franc n'a pas de plus petites parties que des centimes, l'on peut abandonner les deux derniers chiffres décimaux, et se contenter pour l'exactitude, du produit 12625 francs 25 centimes; en observant d'augmenter d'une unité le second chiffre décimal, lorsque le troisième, qu'on abandonne, est supérieur à cinq.

§ VI.

L'observation que l'on vient de faire, conduit à indiquer ici, une méthode pour abréger la multiplication dans certains cas; suivant le degré d'approximation, que l'on a besoin d'atteindre.

§ VII.

Soit proposé de multiplier 8,3125 par 12,475: on voit qu'en faisant la multiplication à l'ordinaire, il résulteroit une suite de sept chiffres décimaux; parcequ'il y en a quatre au multiplicande et trois au multiplicateur. Mais si l'on n'avoit besoin, pour la précision du calcul, que de deux chiffres décimaux; pour les déterminerle plus exactement possible, il faudroit, pour l'exactitude de l'opération, conserver au produit, un ou deux chiffres décimaux de plus que ceux dont on a besoin ; par exemple, dans la multiplication ci-dessus, on propose de conserver quatre chiffres décimaux, afin de déterminer les deux premiers au dernier degré de précision. Voici comment il faut s'y prendre : comptez au multiplicande, en partant du premier chiffre à droite et en rétrogradant, depuis 7 (nombre de chiffres décimaux que produiroit la multiplication ordinaire) jusques à 4, nombre de chiffres décimaux que l'on veut conserver ; marquez d'un point, le chiffre sur lequel vous tombez en comptant quatre, pour indiquer que la multiplication doit commencer à ce chiffre.

Opération.

Multiplicande	8,3125
Multiplicateur	12,475
	415
	5817
	33248
	166250
	83125
	103,6980

Le point étant tombé sur le 3, on multiplie 8,3 par 5 qui produit 415 dixmillièmes, parceque des dixièmes multipliés par des millièmes donnent des dixmillièmes ; on multiplie ensuite 8,31 par 7, qui produisent 5817, que l'on pose au dessous du premier produit, parceque des centièmes par des centiémes donnent également des dixmillièmes ; et ainsi de suite toujours en avançant d'un chiffre au multiplicande et en rétrogradant d'un chiffre au multiplicateur ; 8,312 par 4, produit 33248 dixmillièmes, parceque des millièmes par des dixièmes donnent des dixmillièmes ; 8,3125 par 2, produit 166250 dixmillièmes, parceque des dixmillièmes par des unités, donnent des dixmillièmes ; et enfin 8,3125 par 1, dixaine d'unités, produit 83125 que l'on pose au dessous des trois autres produits, en reculant d'un chiffre ; et après avoir fait l'addition de ces

ces divers produits, on sépare, au moyen de la virgule, quatre chiffres à droite.

Troisième Exemple.

On demande combien vaudra le mètre de drap, si la ci-devant aune de Paris a coûté 42 #.

Pour résoudre cette question, multipliez le rapport du mètre à l'aune par le prix de l'aune.

Opération.

Rapport du mètre à l'aune.	0,84712
Prix de l'aune	42
	169424
	338848
Réponse	35,57904

Quatrième Exemple.

On demande quel sera le prix de l'aune, si le mètre a coûté 36 f. 15 c.

Pour résoudre cette question, multipliez le rapport de l'aune au mètre par le prix du mètre.

Opération.

Rapport de l'aune au mètre	1,18806
	f. c.
Prix du mètre	36,15
	594030
	118806
	712836
	356418
	42,9583690

§ VIII.

Multiplication des mesures de longueur d'ouvrages.

Cinquième Exemple, suivant l'arithmétique vulgaire.

On demande combien coûteront 124 toises, 4 pieds, 8 pouces, 10 l. à raison de 17 # 14 s 6 d. la toise.

Opération.

	t.	P.	p°.	l.
Multiplicande	124.	4.	8.	10.
	₶	ʃ	ꝺ	
Multiplicateur	17.	14.	6.	
	868			
	124			
Produit de 10 ʃ. . . .	62			
Produit de 4 . . .	24.	16		
Produit de 6 ꝺ. . .	3.	2		
Produit de 3 pieds .	8.	17	3	
Produit de 1 pied . .	2.	19	1	
Produit de 6 pouces .	1.	9	6	
Produit de 2 pouces .	0.	9	10	
Produit de 8 lignes .	0.	3	3	
Produit de 2 lignes .	0.	0	9½	
Réponse . . .	2211.	17	8	

Pour faire voir la facilité dn calcul décimal, on résoudra ce même exemple, d'après le système décimal, en représentant les sous-divisions de la toise et de la livre tournois, par les parties décimales qui y correspondent.

Opération, suivant le calcul décimal.

Multiplicande	124,789
Multiplicateur	17,725
	623945
	249578
	873523
	873523
	124787
	f. c.
Réponse . . .	2211,885025

Opération, suivant la méthode abrégée.

Multiplicande	124,789
Multiplicateur	17,725
	6235
	24956
	873523
	873523
	124789
	f. c.
Réponse . . .	2211,8844

Les trois résultats sont les mêmes, parceque 88 centimes font aussi 17 s. 8 d.

L'on voit en même tems qu'au lieu de cette complication de l'arithmétique vulgaire, tout se réduit, par le calcul décimal, à une simple multiplication d'unités principales.

Sixième Exemple, suivant le calcul décimal.

On veut faire un ouvrage de maçonnerie de 734 mètres, 3 décimètres, 6 centimètres, à raison de 3 francs 13 centimes le mètre; on demande combien coûtera cet ouvrage.

Opération.

	m mc
Multiplicande	734,36
	f. c
Multiplicateur	3,13
	220208
	73436
	220308
	f. c
Réponse	2298,5368

Septième Exemple, suivant le calcul décimal.

Une compagnie a entrepris de réparer et entretenir la route de Paris à Strasbourg, à raison de 27 centim. par mètre, annuellement; supposons qu'il y ait de

Paris à Strasbourg 80 myriamètres, 9 kilomètres, 5 hectomètres. On demande combien coûtera cet entretien par an.

Opération.

	m
Distance de Paris à Strasbourg . . .	809500
	c
Prix du mètre	0,27
	5666500
	1619000
	f.
Réponse	218565,00

Huitième Exemple.

On demande combien coûtera une toise d'ouvrage quelconque, si le mètre à coûté 25 francs 5 décimes.

Pour résoudre cette question, multipliez le rapport de la toise au mètre par le prix du mètre.

Opération.

Rapport de la toise au mètre	1,9483
Prix du mètre	25,5
	97415
	97415
	38966
	f. c.
	49,68165

Neuvième Exemple.

Si la toise a coûté 12 ₶ 4 s. combien coûtera le mètre.

Pour répondre à cette question, multipliez le rapport du mètre à la toise par le prix de la toise.

Opération.

Rapport du mètre à la toise . . .	0,5132
Prix de la toise	12,2
	10264
	10264
	5132
	f. c
	6,26104

§ IX.

Multiplication de Poids.

Dixième Exemple, suivant l'arithmétique vulgaire.

On demande combien coûteront 36 m. 3 o. 18 gd. 12 gr. d'argent à 52 ₶ 5 s 6 d le marc.

Opération.

	m	o	d	gr
Poids acheté	36.	3.	18.	12
	₶	s	d	
Prix du marc	52.	5.	6	
	72			
	180			
Produit de 5 sols . .	9			
Produit de 6 d		18.		
Pour 2 o.	13	1.	4	
Pour 1 o.	6	10.	8.	
Pour 12 d.	3	5.	4	
Pour 6 d.	1	12.	8	
Pour 12 gr.		2.	8	
Réponse	1906	10.	8	

L'on va résoudre le même exemple, suivant le calcul décimal, en représentant les sous-divisions du marc et de la livre tournois, par les parties décimales qui y correspondent.

Opération.

	m
Poids de l'argent	36,4713
	₶
Prix du marc	52, 275
	1820
	25529
	72942
	729426
	1823565
	f. c
Réponse	1906,5367

Le résultat est le même que le précédent, parceque 53 centimes font aussi, à peu de chose près, 10 ſ 8 ꝺ. en abondonnant le restant de la fraction.

Onzième Exemple, suivant le calcul décimal.

Combien coûteront 6 kilogrames, 3 hectogrames, 4 décagrames, 6 grames, 9 décigrames, 5 centigr. 6 milligrames de matière d'or, à raison de 3 francs 55 centimes le marc.

Opération.

	g. gm
Matières d'or achetées	6346, 956
	f. c
Prix du grame	3, 55
	31734780
	31734780
	19040868
	f. c
Réponse	22531,69380

Opération, suivant la méthode abrégée.

	g
Matières d'or achetées	6346, 956
Prix du grame	3, 55
	3173475
	31734780
	19040868
Réponse	22531,6935

§. X.

Multiplication des mesures de capacité de matières liquides.

Douzième Exemple, suivant l'arithmétique vulgaire.

On demande combien coûteront 30 muids, 15 setiers, 6 pintes, 1 chopine de vin de Bordeaux, à raison de 365 ₶ 16 ſ. le muid.

Opération.	md set. pe ch
Quantité de vin achetée . .	30. 15. 6. 1 .
	₶ s
Prix du muid	365. 16.
	10950
Produit de 10 s.	15.
Produit de 5.	7. 10.
Produit de 1.	1. 10.
Produit de 12 setiers.	121. 18. 8
Produit de 3. . . .	30. 9. 8
Produit de 6 pintes .	7. 12. 5
Produit de 1 ch. . .	0. 12. 8
Réponse	11134. 13. 5

Treizième Exemple, suivant l'arithmétique décimale.

On demande combien coûtera une pièce d'esprit de vin de Montpellier, contenant 1 kilolitre, 6 hectolit. 3 décalitres, 1 litre, 7 décilitres, 4 centilitres; à raison de 3 francs, 85 centimes le litre.

Opération.	l lc
Quantité d'esprit de vin achetée . .	1631,74
Prix du litre	3,85
	815870
	1305392
	489522
	f. c.
Réponse	6282,1990

§ II.

Multiplication des mesures de denrées sèches.

Quatorzième Exemple, suivant l'arithmétique vulgaire.

On demande combien coûteront 40 muids, 5 setiers, 4 boisseaux, 12 litrons de froment, à raison de 216 livres 12s le muid.

Opération.

	md.	set.	b.	l.
Quantité de froment achetée . . .	40.	5.	4.	12
	₶	ſ		
Prix du muid	216.	12.		
	8640.			
Produit de 10 ſ.	108.			
Produit de 2.	21.	12.		
Produit de 4 set.	72.	4.		
Produit de 1	18.	1.		
Produit de 4 b.	6.	0.	4.	
Produit de 8 lit.	0.	15.	0.	
Produit de 4.		7.	6.	
	₶	ſ	ᶑ	
Réponse	8866.	19.	10.	

Quinzième Exemple, suivant le calcul décimal.

On a acheté 6 myrialitres, 4 kilolitres, 7 hectolitres, 8 décalitres, 6 litres, 3 décilitres, 9 centilitres d'avoine, à raison de 15 centimes le litre; on demande combien l'on aura à payer pour cet achat.

Opération.

	1, 1c
Quantité achetée	64786, 39
	c
Prix du litre	0, 15
	32393195
	6478639
	f. c.
Réponse	9717,9585

Seizième Exemple.

On demande combien vaudront 8 kilolitres, 7 hectolitres, 4 décalitres, 3 litres, 6 décilitres d'orge, à raison de 3 francs 15 centimes le décalitre.

Opération.

Opération.

	l. ld.
Quantité d'orge achetée	8743, 6
	f. c.
Prix du décalitre	3,15
	437180
	87436
	262308
	f. c.
Réponse	2754,2340

§ XII.

Mesure des Surfaces.

On entend par mesure de surfaces, la méthode de déterminer par la multiplication, après avoir mesuré les dimensions d'une surface, combien de fois cette surface contient une autre surface connue.

§ XIII.

Cette opération est ce que l'on appeloit le toisé, à cause de l'adoption de la toise carrée pour l'unité des mesures de surface. Elle présentoit des difficultés aux personnes qui n'avoient pas étudié les premiers principes de la géométrie. Au moyen du calcul décimal, ces opérations se réduisent à une simple multiplication d'unités principales, comme on le verra par les exemples ci-après.

Dix-septième Exemple, suivant l'arithmétique vulgaire.

On demande la surface d'un carré long, qui a 24 toises, 5 pieds, 7 pouces, 8 lignes de long, sur 16 toises, 4 pieds, 5 pouces, 3 lignes de large.

Tout le monde sait qu'il faut multiplier la longueur par la largeur ; mais c'est l'éxécution qui devient quelquefois très-pénible et très-longue.

Opération.

	t.	P.	p°.	l.	p.
Longueur	24.	5.	7.	8.	0
Largeur.	16.	4.	5.	3.	

Prodduit de 24 par 16 toises.	. . . .	144.				
		24.				
	P. p°. l.					
Produit de 5 P. 7 pouces, 8 l. par 16 toises.	ponr 3 0 0 . . .	8.				
	pour 2 0 0 . . .	5.	2.			
	pour 0 6 0 . . .	1.	2.			
	pour 0 1 0 . . .	0.	1.	4.		
	pour 0 0 6 . . .	0.	0.	8.		
	pour 0 0 2 . . .	0.	0.	2.	8.	
Produit de 24 toises, 5 pied. 7 pouces, 8 l. par 4 pieds, 5 pouces, 3 lig.	pour 3 0 0 . . .	12.	2.	9.	10.	
	pour 1 0 0 . . .	4.	0.	11.	3.	4.
	pour 0 4 0 . . .	1.	2.	3.	9.	1.
	pour 0 1 0 . . .	0.	2.	0.	11.	3.
	pour 0 0 3 . . .	0.	0.	6.	2.	10.
Réponse.		417.	2.	10.	8.	6

Résolvons maintenant le même exemple suivant le calcul décimal, en représentant les sous-divisions de la toise par les parties décimales qui y correspondent; l'opération sera réduite à une simple multiplication d'unités principales.

Opération, suivant la méthode abrégée.

Longueur	24,9398
Largeur	16,7395
	120
	2241
	7479
	174573
	1496388
	249398
Réponse	417,4781

Le résultat est le même, à 2 lignes près, qui peuvent être regardées comme nulles. Si l'on avait fait la multiplication à l'ordinaire, on auroit obtenu 8 chiffres décimaux, qui auroient donné un résultat un peu plus approximatif.

Dix-huitième Exemple, suivant le calcul décimal.

Un Citoyen fait parqueter son salon, qui a 8 mètres, 75 centimètres de long, sur 5 mètres, 94 centimètres de large; le prix est fait à raison de 15 francs, 35 centimes par mètre carré; on demande combien coûtera cet ouvrage? il faut commencer par calculer la surface, en multipliant la longueur par la largeur, et ensuite multiplier les mètres carrés et parties de mètre par le prix du mètre carré.

Opération, pour trouver la surface.

	m mc
Longueur	8,75
Largeur	5,94
	3 500
	7875
	4375
	m mm
Réponse; la surface est de	51,9750
	f. c.
A multiplier par le prix du mètre	15,35
	25985
	155925
	2598750
	519750
	f. c.
Réponse	797,8160

L'ouvrage coûtera 797 francs, 81 centimes, en abandonnant les deux derniers chiffres décimaux. Une pareille solution, suivant l'arithmétique vulgaire, seroit longue et pénible, et par conséquent beaucoup plus sujette à erreur.

Mesures de surfaces agraires.

§ X I V.

L'arpent du ci-devant châtelet de Paris, étoit de 10 perches de long, sur 10 perches de large, la perche de 18 pieds. Ce qui donnoit une superficie de 32400 pieds carrés, ou 900 toises carrées.

§ X V.

L'arpent des eaux et forêts, dit le *grand arpent*, étoit de dix perches de long sur 10 perches de large, la perche de 22 pieds. Ce qui donne une superficie de 48400 pieds carrés.

§ X V I.

L'are est le décamètre carré, c'est-à-dire, de 10 mètres de long sur 10 mètres de large. Le mètre étant de $3^{\text{pd}},079458$, le décamètre est donc de $30^{\text{pd}},79458$; et le décamètre carré, ou l'are, de $30^{\text{pd}},79458$ multipliés par $30^{\text{pd}},79458$, qui produisent $948^{\text{pd}},306157$, pour la superficie de l'are, en pieds carrés; l'hectare, ou 100 ares, sera donc de 94830,6157.

§ X V I I.

En comparant le ci-devant arpent du châtelet de Paris, à l'hectare, on trouvera le rapport de l'arpent à l'hectare, qui est de 0,3417 à 1, ce qui fait un peu plus du tiers; et si l'on compare l'hectare au ci-devant arpent du châtelet de Paris, on aura le rapport de 1 à 2,92687. Pour réduire des arpens du ci-devant châtelet de Paris, en hectares, multipliez 0,3417 par les arpens à réduire; et pour réduire des hectares en arpens du ci-devant châtelet de Paris, multipliez 2,92687 par les hectares à réduire.

Comparons aussi le grand arpent des eaux et forêts qui est, comme on l'a vu ci-dessus, de 48400 pieds carrés, à l'hectare; on aura le rapport de 0,5104 à 1; c'est-à-dire, que le grand arpent fait un peu plus d'un demi hectare; et si l'on compare l'hectare au grand arpent, on a le rapport de 1 à 1,9593; c'est-à-dire, que l'hectare est un peu moindre que le double grand arpent des eaux et forêts. Pour réduire de grands arpens en hectares, multipliez 0,5104 par les arpens à réduire; et pour réduire des hectares en grands arpens, multipliez 1,9593 par les hectares à réduire.

Quinzième Exemple.

Un particulier à Paris, vend une terre située dans le ci-devant ressort du châtelet de Paris; elle contient 375 arpens, à 18 pieds la perche; on demande combien d'hectares, d'ares, et de parties de l'are, le notaire doit stipuler dans le contrat de vente.

Opération.

Rapport de l'arpent a l'hectare . 0,3417
Arpens à réduire 375

17085
23919
10251

128,1375
100

13,7500
10

7,5000
10

5,0000

Réponse. Le notaire doit stipuler dans le contrat de vente, cent vingt-huit hectares, treize ares, sept déciares, 5 centiares.

Seizième Exemple.

On a acheté, dans le département de Seine et Oise, une terre, qui, suivant l'ancien régime, étoit de 224 arpens et demi, la perche de 22 pieds; on demande combien cette terre contient d'hectares et de parties d'hectare.

Multipliez le rapport du grand arpent à l'hectare par les arpens à convertir, et séparez du produit cinq chiffres à droite.

Opération.

Rapport du grand arpent à l'hectare. . .	0,5104
Arpens à convertir	224,5
	25520
	20416
	10208
	10208
	114,58480
	100
	58,48000
	10
	4,80000
	10
	8,00000

Réponse 114 hectares, 58 ares, 4 déciares et 8 centiares.

Il est aisé de voir, au premier coup d'œil, que les opérations faites après la première multiplication et la séparation des chiffres par la virgule, sont absolument inutiles ; parce que les deux premiers chiffres après la virgule désignent les ares, le troisième chiffre les déciares, et le quatrièmc chiffre les centiares. L'on n'a fait ces opérations que pour la conviction des commençans *Seizième Exemple.*

On demande combien vaudra l'hectare, si le grand arpent, à 22 pieds la perche, a été vendu à raison de 692 francs.

Pour résoudre cette question, multipliez le rapport de l'hectare au grand arpent par 692.

Opération.

Rapport de l'hectare à l'arpent . . .	1,9593
	f.
Prix de l'arpent	692
	39186
	176337
	117558
	f. c.
Réponse.	1355,8356

Rapport de l'arpent de 18 pieds la perche, à l'hectare. 0,3417.

Petit Arpent.

		Ares	Centiares	
½	Perche fait	0 are	17 ac	085
1	....	0 .	34 ,	17
5	....	1 ·	70 ,	85
10	....	3 ·	41 ,	70
50	....	17 .	08 ,	50
75	....	25 .	62 ,	75
100	Perches (ou l'arpent).	34 .	17 ,	00

Rapport de l'arpent de 20 pieds la perche, à l'hectare 0,4207.

moyen Arpent.

		Ares	Centiares	
½	Perche fait	0 are	21 ac	035
1	....	0 .	42 ,	07
5	....	2 .	10 ,	35
10	....	4 .	20 ,	70
50	....	21 .	03 ,	50
75	....	31 .	55 ,	25
100	Perches (ou l'arpent)	42 .	07 ,	00

Rapport de l'arpent de 22 pieds la perche, à l'hectare. 0,5104.

Grand Arpent.

		Ares	Centiares	
½	Perche fait	0 are	25 ac	520
1	....	0 .	51 ,	04
5	....	2 .	55 ,	20
10	....	5 .	10 ,	40
50	....	25 .	52 ,	00
75	....	38 .	28 ,	00
100	Perches (ou l'arpent.) ..	51 .	04 ,	00

Dix-septième Exemple.

Le gouvernement a vendu une coupe de bois à raison de 1850 francs l'hectare; on demande à combien revient le ci-devant arpent des eaux et fôrets.

Pour résoudre cette question, multipliez le rapport du grand arpent à l'hectare par le prix de l'hectare.

Opération.

Rapport du grand arpent à l'hectare .	0,5104
Prix de l'hectare	1850 f.
	255200
	40832
	5104
	f. c
Réponse	944,2400

§ XVIII.

Mesure des solides.

Par solide, on entend un corps qui représente trois dimensions, longueur, largeur et profondeur (ou hauteur). Pour évaluer un solide, il faut multiplier les trois dimensions successivement l'une par l'autre.

Dix-huitième Exemple, suivant l'arithmétique vulgaire.

On demande le nombre de toises, pieds, pouces et lignes cubes, que produiroit un massif de maçonnerie de 6 toises, 3 pieds, 6 pouces de long; 2 toises, 5 pieds, 4 pouces de large; et 4 toises, 5 pieds, 6 pouces de haut.

Opération.

	t. P. p°.
Longueur	6. 3. 6.
Largeur	2. 5. 4.
Produit de 6 t. 3 P. 6 p°. par 2 toises.	12. 1. 0. 1.
Produit de 6 t. 3 P. 6 p°. par 5 P. 4 p°.	3. 1. 9. 2. 1. 2. 0. 2. 2. 4.
Produit de la longueur par la largeur .	19. 0. 1. 4.
A multiplier par la hauteur .	4. 5. 6.
Produit de 19 t. 0. 1 p°. 4 l. par 4 toises.	76. ~~6~~. ~~4~~. * 0. 0. 4. 0. 0. 4.
Produit de 19 t. 0 P. 1 p°. 4 l. par 5 pieds 6 pouces.	9. 3. 0. 8. 6. 2. 0. 5. 1. 3. 6. 1.
R. Le Produit total est de	93. 3. 0. 6.

Résolvons maintenant ce même exemple suivant le système décimal, en représentant les sous-divisions de la toise par les parties décimales qui y correspondent.

---

* Dans l'arithmétique vulgaire, quand une sous-division intermédiaire manquoit, on étoit obligé de recourir à un faux produit ; cet inconvénient n'a pas lieu dans le calcul décimal.

Opéra-

Opération.

Longueur	6,583
Largeur	2,889
	585
	5264
	52664
	13166
Produit de la longueur par la largeur	19,0173
A multiplier par la hauteur	4,917
	1330
	1901
	171171
	760772
Produit total	93,5174

Ce résultat est le même que le précédent, et l'opération montre assez clairement avec quelle facilité on opère par calcul décimal.

Dix-neuvième Exemple, suivant le système décimal.

Un marchand Tabletier a un morceau d'yvoire d'un mètre de long, de 45 centimètres de large, et de 25 centimètres d'épaisseur; il le donne à un ouvrier pour lui faire des dés à jouer, chacun d'un centimètre cube; on demande combien ce morceau d'yvoire produira de dés.

Opération.

Largeur	45
Epaisseur	25
	225
	90
	112500 Réponse.

Ajoutez au produit deux zéros, à cause de la longueur du morceau d'yvoire.

§ XIX.

Manière de se servir de la septième table.

Cette table est appellée table de rapports, parce que chaque série de chiffres est le quatrième terme d'une proportion géométrique. On trouvera ci-après, au chapitre des rapports, la méthode de déterminer ces sortes de quatrièmes proportionnelles.

Premier Exemple.

Une aune de Paris ayant couté 36ᵗᵗ 8ˢ, combien vaudra le mètre.

Cherchez dans la table, le rapport qui correspond à l'aune, et multipliez-le par 36ᵗᵗ 8ˢ.

Opération.

```
   0,84172
      36,4
 ---------
    336688
   505032
  252516
 ---------
 30,638608
```

Réponse le mètre vaudra 36 f. 64ᶜ. On abandonne le reste, en augmentant les centimes d'une unité, parce que le premier chiffre après les centimes surpasse 5.

Deuxième Exemple.

On veut savoir combien coûtera un mètre, si la toise à coûté 24ᵗᵗ 9ˢ.

Opération, suivant la manière abrégée.

```
Rapport correspondant à la toise . . .   0,51324
                                            f. c.
Prix de la toise . . . . . . ; . .         24,45
                                        ---------
                                             255
                                            2052
                                           20528
                                          102648
                                        ---------
                                          f.  c.
                                         12,5483
```

Réponse. Le mètre coûtera 12 francs 55 centimes.

Troisième Exemple.

Le quintal ayant coûté 9^{tt}, 6^{s}, combien coûtera le myriagrame.

Cherchez dans la table le rapport qui correspond au quintal, et multipliez ce rapport par le prix du quintal.

Opération.

```
   0,20444
       f. d.
       9, 3
 ----------
     61332
   183996
 ----------
  1,901292
```

Réponse le myriagrame coutera 1 franc 9 décimes.

Quatrième Exemple.

Combien coûtera l'héctolitre, si le setier de bled a couté 24^{tt}

Opération.

```
   0,65696
       24tt
 ----------
    262784
   131392
 ----------
  15,76704
```

Réponse. Lhectolitre coûtera 15 franc 76 centimes.

Chapitre neuvième.

De la division des quantités.

§ I.

La division est une opération arithmétique, par laquelle on cherche un nombre qui indique, combien de fois un nombre donné est contenu dans un autre nombre aussi donné.

§ II.

Le nombre dans lequel on cherche, combien de fois un autre est contenu, ou celui que l'on veut diviser, se nomme *dividende*. Le nombre avec lequel on divise s'appelle *diviseur* ; et le nombre qui résulte de la division du dividende par le diviseur, se nomme *quotient*. Le quotient est au dividende, comme l'unité est au diviseur ; et le diviseur est au dividende, comme l'unité est au quotient. Par exemple, 18 divisé par 3 donne au quotient 6, et l'on a : 6 est à 18 comme 1 à 3, et réciproquement 3 est à 18 comme 1 à 6.

§ III.

Suivant le système du calcul décimal, comme on l'a déjà observé plus haut, la division se fait toujours comme sur des unités simples et principales, quand même il se trouve des sous-divisions de l'unité, ou parties décimales, soit au dividende, soit au diviseur. Il peut se présenter trois cas différents.

1°. Lorsqu'il se trouve des parties décimales au dividende et qu'il n'y en a point au diviseur ;

2°. Lorsqu'il y en a au diviseur et qu'il n'y en a point au dividende;

3°. Lorsqu'il y en a au diviseur et au dividende. Ce dernier cas peut se présenter de deux manières; la première, lorsqu'il y a autant de parties décimales au dividende qu'au diviseur ; la seconde, lorsqu'il y en a plus au diviseur qu'au dividende, ou plus au dividende qu'au diviseur. Tout ce que l'on vient de dire se réduit à ce principe : opérez la division comme sur des unités simples et principales, et séparez au quotient, par la virgule, autant de chiffres qu'il y a de décimales au dividende, de plus qu'au diviseur ; l'on va développer cela par des exemples.

Premier Cas.

129 Personnes ont à partager 88420 francs, 47 centimes ; on demande combien il revient à chacun.

7.e Table

Suite de rapports, servant à déterminer le prix d'une nouvelle mesure, en les multipliant par le prix donné d'une mesure ancienne.

à tant. L'aune. . . . . *Combien*	Le mètre.	0 , 84172
La toise.	Le mètre.	0 , 51324
Le pied.	Le mètre.	3 , 07944
La toise carrée.	Le mètre carré.	0 , 70535
Le pied carré.	Le mètre carré.	9 , 48306
La toise cube.	Le mètre cube.	0 , 13520
Le pied cube.	Le mètre cube.	29 , 20269
Le quintal.	Le myriagrame	0 , 20444
La livre.	Le kilograme. .	2 , 04438
L'once	Le décagrame. .	0 , 32710
Le muid de vin.	Le kilolitre. . . .	0 , 13519
La pinte de 48 pouces cubes. .	Le litre.	1 , 05131
Le muid de bled.	Le kilolitre. . . .	0 , 54756
Le setier.	L'hectolitre. . . .	0 , 65696
Le boisseau de 640 po. cubes	Le décalitre. . .	0 , 78849
L'arpent, à 18 piéds la perche.	L'hectare.	2 , 92687
L'arpent, à 22 pieds la perche	L'hectare	1 , 95931
La perche de 18 pieds.	L'are.	2 , 92687
La perche de 22 pieds.	L'are.	1 , 95931

Opération.

```
88420,47  | 129
 1102     |------------
  0700    |    f. c.
   0554   | 685,43 . . . Réponse.
    0387  |
     000  |
```

Opérez comme sur des unités principales ; et après l'opération, séparez au quotient, par la virgule, les deux premiers chiffres à droite, parce qu'il y a deux chiffres décimaux au dividende et point au diviseur ; la part de chacun est de 685 francs 43 centimes.

Explication. Pour faire cette division, on dit : combien de fois 1 est-il contenu dans 8 ? afin que le produit du diviseur par le chiffre à poser au quotient, puisse se soustraire du dividende, on trouve que c'est 6, et l'on dit : 6 fois 9 font 54, lesquels ôtés de 54, il reste 0 ; 6 fois 2 font 12, et 5 de retenus font 17, lesquels ôtés de 18, il reste 1 ; et 6 fois 1 font 6 et 1 de retenu font 7, lesquels ôtés de 8, il reste 1. Puis on abaisse 2 à côté du reste, et on cherche de nouveau combien de fois 1 est contenu dans 11 ; on trouve 8 par lequel on multiplie encore le diviseur, et on ôte le produit du dividende ; et ainsi de suite, jusqu'à ce que l'on ait abaissé successivement tous les chiffres du dividende.

Deuxième Cas.

Un ouvrage de 236 mètres, 64 centimètres à coûté 171564 francs ; on demande combien a couté chaque mètre.

Ici, il y a des parties décimales au diviseur et il n'y en a point au dividende ; on ajoute au dividende, autant de zéros qu'il y a de chiffres décimaux au diviseur ; on fait la division, et l'on supprime la virgule au quotient, à cause des deux zéros que l'on a ajoutés au dividende.

Opération.

17156400	236,64
059160	f.
118320	725 . . . Réponse.
000000	

§ IV.

Tous les autres cas se rapportent à ces deux-là. S'il y a autant de caractères décimaux au dividende qu'au diviseur, faites la division comme sur des nombres entiers, et supprimez la virgule. S'il y en a plus au diviseur qu'au dividende, ajoutez autant de zéros au dividende, qu'il y a de chiffres décimaux de plus au diviseur qu'au dividende; opérez la division et supprimez la virgule.

Premier Exemple, suivant l'arithmétique vulgaire.

Une pièce d'étoffe de 325 aunes $\frac{3}{4}$ à coûté 6425^{tt} 15^{s}. on demande le prix de l'aune.

Opération.

tt s	
6425 15	325 $\frac{3}{4}$
4	1303
25703	19^{tt} 14^{s} 6^{d} Réponse.
12673	
0946	
20	
18920	
05890	
0678	
12	
1356	
678	
8136	
0138	

Pour répondre à cette question, on acommencé par réduire les 325 aunes $\frac{3}{4}$ en quarts; et pour maintenir l'égalité on a aussi multiplié 6425^{tt} 15^{s} par 4, et l'on a divisé ensuite 25703 par 1303 il est resulté 19^{tt} et un résidu de 946^{tt} que l'on a réduit en sols, et l'on a divisé le produit encore par 1303, il est résulté 14^{s} et un résidu de 678^{s}, que l'on a réduits en deniers; on a divisé le produit encore par 1303, il est résulté 6ᵈ et il reste 318ᵈ indivisibles que l'on peut représenter par la fraction $\frac{318}{1303}$ d'un denier.

Résolvons présentement le même exemple, suivant le système décimal, en représentant les sous-divisions de la livre tournois et de l'aune, par les parties décimales qui y correspondent.

Opération.

```
  f.  c.
6425,55      | 325,75
3168 05      |--------
             |   f. c.
     ..      | 19,72 . . . Réponse.
 236 3000
   6 2750
   1 7600
```

Aprés avoir divisé 6425,55 par 325,75, il est résulté 19 f. et un résidu de 23630. Pour avoir des centimes au quotient, on ajoute à ce résidu deux zéros, et l'on continue la division; après quoi, on retranche du quotient deux chiffres à droite et on à pour réponse 19 f., 72 c. qui est la même chose à peu-prés que 14^s 6ᵈ. On pourroit continuer l'aproximation plus loin au moyen des zéros; mais cela seroit inutile, à cause que la sous-division du franc ne descend pas plus bas que les centimes. Il est aisé de voir combien cette dernière manière d'opérer l'emporte sur la première, tant par sa simplicité que par sa briéveté.

§ V.

Manière d'approcher autant que l'on voudra du vrai quotient d'une division, qui ne peut pas se faire exactement. Par exemple, on demande le quotient de 353 divisé par 17 à un dix-millième prés. Pour avoir des dix-milliémes d'unités au quotient, il faut quatre caractéres décimaux; en conséquence, on ajoute au dividende 4 zéros; on divise à l'ordinaire, et la division achevée, on sépare au quotient quatre chiffres à droite, à cause des zéros que l'on a ajoutés.

Opération.

```
3530000 | 17
0130    |----------
  110   | 20,7647     Réponse.
   080  |
    120        119 . . . . . Preuve.
     01        68
              102
             119
            340
       -----------
           352,9999
```

L'on voit qu'en multipliant 17 par le quotient 20,7647, on obtient 352,9999, qui ne diffèrent du dividende que d'un dix-millième.

Deuxième Exemple, suivant le calcul décimal.

548 Mètres, 6 décimètres, 8 centimètres ont coûté la somme de 6721 francs 33 centimes; on demande le prix du mètre.

Opération.

```
   f.  c.
 6721,33   | 548,68
 1234 53   |--------
           | 12,25     Réponse.

  137 170

   27 4340
   00 0000
```

Après avoir divisé à l'ordinaire, il est résulté 12 f. et un résidu de 13717. Pour avoir des centimes de francs, on a ajouté deux zéros au résidu, et l'on a achevé la division.

§ V I.

Division des mesures d'ouvrages.

Troisième Exemple.

Une cloison de 8 mètres, 8 décimètres de large; 6 mètres, 25 centimètres de haut, à coûté 412 francs 5 décimes. On demande le prix d'un mètre de long sur un mètre de large, ou du mètre carré ?

Opération.

Pour résoudre cette question, multipliez la largeur de la cloison par la hauteur, et divisez le prix de l'ouvrage, 412 f. 5 d. par le produit de la multiplication.

```
      8,8    Largeur
      6,25   Hauteur
    ---------
      440
       176
      528
    ---------
      55,000   Produit de la largeur par la hauteur.
```

```
    412,5 | 55m
     27,5 |-----
     00 0 | f. d
          | 7,5      Réponse
```

On trouve que chaque mètre quarré a coûté 7 francs 5 décimes.

Quatrième Exemple.

On veut tapisser une chambre avec une étoffe de 8 décimètres de large, la hauteur de la tapisserie doit être de 2 mètres, 6 centimètres; et tout le pourtour de la pièce est de 16 mètres, 6 décimètres; on demande combien il faudra de mètres d'étoffe.

I

Opération.

Pour répondre à cette question, divisez le pourtour par la largeur de l'étoffe, et multipliez le quotient par la hauteur de la tapisserie.

```
m md
15,6      | 0,8
 7 6      |------
 4 0      | 19,5
 0 0      |
            2,06
           ------
            1170
           3900
          ------
          40,170.
```

Réponse il faut 40 mètres, 17 centimètres.

Autre solution.

Multipliez le pourtour par la hauteur de la tapisserie, et divisez le produit par la largeur de l'étoffe.

```
  15,6          32,136 | 0,8
   2,06          0 13  |------
 -------           56  | 40,17   R.
   936             00  |
  3120
 -------
 32,136
```

On voit que cette opération, qui seroit très-compliquée d'aprés l'harithmétique vulgaire, ne présente aucune difficulté dans le calcul décimal.

§ VII.

Division des mesures de Poids.

Cinquième Exémple, suivant l'arithmétique vulgaire.

Douze marcs, 5 onces, 12 deniers d'argent, ont coûté 659^{tt} 15^{s}, on demande quel étoit le prix du marc.

Opération.

Pour répondre à cette question, il faut réduire 12m. 5o. 12d. en deniers de poids, qui font 2436 deniers. Il faut également réduire un marc en deniers, qui fait 192 deniers; multiplier 659tt 15s. par 192, et diviser le produit par 2436; le quotient sera le prix du marc.

```
 m  o  d        m       tt  s
12  5 12        1      659 15
 8              8      192
---          ----     -----
96              8      1318
 5             24      5931
---          ----      659
101           192        96
 24                      48      | 2436
---                   ------     |------
404                   126672     | 52tt
202                   004872     |
 12                     0000
----
2436
```

Réponse, le prix du marc étoit de 52tt.

§ VIII.

Résolvons maintenant le même exemple suivant le calcul décimal, en représentant les sous-divisions du marc et de la livre tournois, par les parties décimales qui y correspondent; 5o. 12d. se représentent par 0,6875 dixmillièmes de marc, et 15s. par 75 centimes. La question sera donc : si 12m,6875 ont coûté 659,75c. quel est le prix du marc. (f)

Pour trouver le prix du marc, divisez 659,75c. par 12,6875 (m). Mais comme il n'y a que 2 chiffres décimaux au dividende, et quatre au diviseur, il faut ajouter deux zéros au dividende, comme on l'a fait voir plus haut, et ensuite opérer la division comme sur des unités simples et principales.

Opération.

```
659,7500  | 12,6875
025 3750  |--------
00 0000   | 52tt      Réponse
```

L'on voit qu'au moyen du calcul décimal, on n'a pas besoin d'avoir recours aux réductions.

Sixième Exemple.

Une certaine marchandise, du poids d'un myriagrame, 4 kilogrames, 6 hectogrames, 4 décagrames, 7 grames; a coûté 1098525 f. On demande le prix du myriagrame.

Pour résoudre cette question, multiqliez 1098525 f. par 10000, et divisez le produit par 14647g. le quotient sera le prix du myriagrame. Ou divisez 1098525f. par 14647gr. et ajoutez au quotient quatre zéros. L'une et l'autre manière donnera pour le prix du myriagrame 750000 f.

Opération.

10985250000	14647
0083235	750000 f.
0000	

Présentement que l'on connoît le prix du myriagrame, il est facile d'en déduire le prix du kilograme, de l'hectograme, du décagrame, du grame, du décigrame, du centigrame, etc. sans avoir recours à de nouveaux calculs; voici de quelle manière. Pour avoir le prix du kilograme, séparez par la virgule, au quotient 750000, le premier chiffre à droite; pour l'hectograme, séparez-en deux; pour le décagrame, trois; pour le grame, quatre; pour le décigrame, cinq; et pour le centigrame, on pose la virgule à la gauche de ce qui reste du quotient avec le zéro en avant de la virgule, pour indiquer qu'il n'y a pas d'unités principales, etc.

Opération.

	f. c
Prix du myriagrame.....	750000
du kilograme..........	75000
de l'hectograme..........	7500
du décagrame............	750
du grame................	75
du décigrame..............	7,5
du centigrame..............	0,75
du milligrame.............	0,075

Chapitre dixième.

Des Rapports et Proportions.

§ I.

Comme on s'est uniquement attaché à faire sentir l'avantage du calcul décimal sur l'arithmétique vulgaire, l'on n'entrera pas dans les détails de la doctrine des rapports ; l'on se contentera d'exposer, le plus brièvement possible, ce qui est absolument nécessaire pour déterminer un rapport.

§ II.

On entend par *rapport* ou *raison*, la manière de comparer deux nombres ensemble. Or, lorsque l'on compare deux nombres de même espèce l'un à l'autre, la comparaison peut se faire de deux manières ; la première en cherchant de combien l'un est plus grand que l'autre ; la seconde, quand on cherche de combien de fois l'un est plus grand que l'autre. La première manière de comparer s'appelle *rapport arithmétique.* Ainsi, en comparant 8 à 6, on voit que 8 excède 6 de 2, cet excédent est le rapport arithmétique entre 8 et 6.

§ III.

Quand deux rapports arithmétiques sont égaux entre eux, on dit qu'ils sont en *proportion arithmétique*, 8 moins 6 est égal à 7 moins 5. Ces deux rapports sont égaux entre eux, et en proportion arithmétique ; on est convenu de l'écrire de cette manière $8 - 6 = 7 - 5$ ou $8.6 : 7.5$.

§ IV.

Dans toute proportion arithmétique, on trouve cette propriété essentielle, que la somme des extrêmes, est égale à celle des moyens. Ainsi, 8 plus 5 est égal à 6 plus 7 ; parconséquent trois termes d'une proportion arithmétique étant donnés, il est facile de trouver le quatrième terme ; l'on n'a qu'a ajouter le second et le troisième terme, et soustraire de la somme le premier terme ; le reste donnera le quatrième terme. Dans l'exemple proposé, si de 7 plus 6 on ôte 8, il reste 5 qui est le quatrième terme.

§ V.

La seconde manière de comparer deux nombres, lorsqu'on cherche combien de fois un nombre est plus grand qu'un autre, *s'appelle rapport géométrique* ; en comparant donc 12 et 4 de cette manière, on trouve que 4 est contenu trois fois dans 12 ; le quotient 3 qui résulte de la division de douze par 4 est ce que l'on appelle *raison* ou *rapport géométrique* entre 12 et quatre.

§ VI.

Lorsqu'il y a même raison entre deux rapports géométriques, on dit qu'ils sont en *proportion géométrique*; ainsi, s'il y a même raison ou rapport entre 15 et 10, qu'entre 6 et 4, c'est-à-dire que si en divisant 15 par 10, on a le même quotient qu'en divisant 6 par 4, et réciproquement si 10 divisé par 15, donne le même quotient que 4 divisé par 6 ; alors on dit que ces deux rapports forment une proportion géométrique, que l'on est convenu d'écrire de cette manière, 15 : 10 :: 6 : 4, et qu'on doit lire 15 est à 10 comme 6 est à 4.

§ VII.

Toute proportion géométrique a cette insigne propriété, que le produit des extrêmes est égal au produit des moyens. Cette propriété est la plus importante des mathématiques. Donc si 15 : 10 :: 6 : 4, on a 4 fois 15 est égal à 6 fois 10, Au moyen de cette propriété, on peut toujours trouver le quatrième terme d'une proportion géométrique, lorsqu'on connoît les les trois premiers termes ; car puisque le produit des extrêmes est égal à celui des moyens, l'on n'a qu'a multiplier les deux termes moyens l'un par l'autre, et diviser le produit par le premier terme ; le quotient donnera le quatrième terme : ainsi, 10 fois 6 divisé par 15 donne 4. Voilà le fondement de la règle de trois, si fameuse en arithmétique, qu'on l'appelle, à cause de sa grande utilité, *règle d'or*. On voit que le mécanisme de cette règle si importante, consiste à trouver une quatrième proportionnelle à trois termes donnés d'une proportion géométrique, en divisant le produit du second et troisième terme par le premier terme.

§ VIII.

Lorsqu'on cherche une quatrième proportionnelle à une proportion géométrique, dont les trois premiers termes sont connus ; il faut conserver dans l'arrangement des termes l'ordre ci-après ; le premier et le troisième terme, doivent être homogènes, c'est-à-dire, de même nature le terme, sur lequel roule la question doit faire le second terme ; et le quatrième terme que l'on trouve en multipliant ensemble le second et le troisième terme, et en divisant le produit par le premier terme, prend la dénomination du second terme. Par exemple, sachant que 6 mètres de draps ont coûté 90 f., on demande combien coûteront 16 mètres ; laproportion doit être posée de cette manière, 6: 90 :: 16 :, c'est-à-dire, si 6 mètres, ont coûté 90 f., combien coûteront 16 mètres, ou 6 est à 90 comme 16 est au quatrième terme que l'on cherche, et qui se trouve en multipliant 90 par 16, et en divisant le produit par 6, ce qui donne pour le quatrième terme 240 f. L'on voit que le premier et le troisième terme sont homogènes, et que le quatrième terme a pris la dénomination du second terme, c'est-à-dire, qu'il désigne comme lui des francs.

Dèterminer le rapport de l'aune au mètre, et celui du mètre à l'aune.

Sachant que la ci-devant aune de Paris est de 3 P. 7 p^{e}. 10 l. $\frac{5}{6}$ de ligne, et le mètre de 3 P. 0 p^{o}. 11 l., 441952e. de ligne, on demande à determiner le rapport entre le mètre et l'aune.

Il faut commencer par réduire la longueur de l'aune et du mètre à la même dénomination.

Reduction. De l'aune en lignes et en parties de ligne.	Reduction. Du mètre en lignes et en parties de ligne.
3. 7. 10 $\frac{5}{6}$	3. 0. 11,441952
12	12
36	36
7	12
43	72
12	36
86	11
43	443,441952
10	6
526	2660651712
6	
3161000000	

Au moyen de la réduction ci-dessus, l'on voit que les deux longueurs sont dans le rapport de 3.161.000 000 à 2.660.651.712, c'est-à-dire, que 3.161.000.000 métres ne font que 2.660.651.712 aunes. Mais comme ce rapport seroit infiniment incommode, il faut chercher à déterminer le rapport d'une aune à un mètre, au moyen d'une quatrième proportionnelle, en disant si 2660651712 aunes font 3161000000 mètres, combien une aune; et la proportion se pose de cette manière: 2.660.651.712 : 3.161.000.000 :: 1 : On voit donc que, pour avoir le rapport de l'aune au mètre, il faut diviser 3.161.000.000 par 2.660.651.712; et le quotient sera le rapport d'une aune à un mètre.

Opération.

```
3161000000        | 2.660.651.712
                  |--------------
0500348288o       | 1,1880
 2342831168o
  2143097984o
  0014576614 4o
```

Cette

Cette opération donne un quotient à un dixmillième près ; c'est-à-dire, qu'une aune fait 1 mètre et 1 décimètre, 8 centimètres, 8 millimètres, etc. Si l'on avoit besoin d'une plus grande approximation, on continueroit la division plus loin, en ajoutant des zéros au résidu, et le premier chiffre qui reparoîtroit au quotient, seroit un 6, c'est-à-dire, six centmilliémes de mètre, ce qui est une quantité si petite, qu'on pourroit la regarder comme zéro.

§ IX.

Maintenant que l'on est parvenu à connoître le rapport de l'aune au mètre, il est très facile de convertir les aunes en mètres ; l'on n'a qu'à multiplier le rapport de l'aune au mètre par les aunes à convertir.

Premier Exemple.

On demande combien 75 aunes font de mètres.

Opération.

Rapport de l'aune au mètre	1,1880
Aunes à convertir	75
	59400
	83160
Réponse	89,1000

Deuxième Exemple.

Combien 125 aunes $\frac{3}{4}$, font-elles de mètres ?

Opération, suivant la méthode abrégée.

Rapport de l'aune au mètre	1,1880
Annes à convertir	125,75
	590
	8316
	59400
	23760
	11880
Réponse	m 149,3906

§ X.

Pour avoir le rapport du mètre à l'aune, on changera la proportion géométrique, en disant :

m	aunes	m	
3161000000 :	2660651712 ::	1 :	

26606517120	3161000000
13185171200	0,8417
0054117120000	
22507120000	
00380120000	

Cette opération donne un quotient à un dixmillième près, et indique qu'un mètre fait 8 dixièmes, 4 centièmes, 1 millième, 7 dixmillièmes de l'aune, ou 0,8417 dixmillièmes d'aune. Si l'on avoit besoin d'une approximation plus grande, on continueroit la division en ajoutant des zéros, et le premier chiffre qui reparoîtroit seroit l'unité, qui indiqueroit un centmillième d'aune.

Troisième Exemple.

On demande combien 86 mètres font d'aunes ? pour répondre à cette demande, il faut multiplier le rapport du mètre à l'aune par les mètres à convertir.

Opération.

Rapport du mètre à l'aune	0,8417
Mètres à convertir.	86
	50502
	67336
	au
Réponse	72,3862

Quatrième Exemple.

Combien 145 mètres, 4 décimètres, 6 centimètres, font-ils d'aunes ?

Opération.

Rapport du mètre à l'aune 0,8417

Mètres et parties de mètre à convertir. 145^{m},46

```
                  504
                 3364
                42085
               33668
               8417
             ________
Réponse . . . . . . . . . . . . . . 122,4333
```

Cinqième Exemple.

On demande combien 10, 100, 1000 mètres, font d'aunes ?

Opération.

Comme il faudra multiplier le rapport du mètre à l'aune 0,8417, par 10, 100, ou 1000, l'on n'à qu'à faire passer de ce rapport, 1,2 ou 3 chiffres à gauche de la virgule, et l'opération se trouve faite. Ainsi, 10.^{m} font 8^{au},417; 100.^{m} font 84^{au},17; et 1000.^{m} font 841^{au},7.

Le même moyen peut également être employé pour convertir 10, 100, et 1000 aunes en mètres. L'on n'a qu'a faire passer, du rapport de l'aune au mètre 1,1880, un, deux ou trois chiffres à gauche de la virgule. Ainsi, 10.^{au} font 11^{m},880; 100.^{au} font 118^{m},80; et 1000 aunes font 1188 mètres.

§ X I.

Si l'on desiroit déterminer le rapport entre la toise et le mètre, on réduiroit la toise en lignes, et on auroit 864 lignes. Le mètre réduit en lignes donne $443^{l},44952^{c}$. de ligne ; pour faire disparoître la fraction décimale, on ajoute à 864 lignes contenues dans la toise six zéros, et on compte les six chiffres décimaux, comme des unités principales; ce qui ne change rien; et on a le rapport 443.441.952 toises font 864.000.000 mètres. Si l'on divise 864.000 000, par 443.441.952, le quotient donne le rapport de la toise au mètre, qui est 1,948394. Si au contraire, l'on divise 443.441.952 par 864.000.000, le quotient donne le rapport du mètre à la toise, qui est 0,513.240. On voit donc qu'en général, pour déterminer le rapport entre deux quantités, il faut commencer par les réduire à leurs plus petites sous-divisions, et par faire disparoître, au moyen de la multiplication, les fractions qui pourroient s'y trouver. Ensuite, si l'on divise le plus grand nombre par le plus petit, on a le rapport de l'unité du plus grand au plus petit des deux nombres; et si l'on divise le plus petit nombre (suivant le système décimal) par le plus grand nombre, on a le rapport de l'unité du plus petit au plus grand des deux nombres.

Sixième Exemple.

On demande combien 36 toises font de mètres?

Pour avoir une approximation à un millimètre près, on prend, dans le rapport de la toise au mètre, 3 chiffres décimaux.

Opération.

Rapport de la toise au mètre . .	1,948
Toises à convertir	36
	11688
	5844
Réponse.	70,128

Septième Exemple.

On demande combien 125 mètres font de toises?

Pour avoir une approximation à un millième de toise près, prenez les trois chiffres décimaux du rapport du mètre à la toise.

Opération.

Rapport du mètre à la toise . . .	0,513
Mètres à convertir	125
	2565
	1026
	513
Réponse	64,125

Chapitre onzième.

Du Calcul des Intérêts.

§ I.

L'INTÉRÊT est un bénéfice que l'emprunteur accorde au prêteur, sur une somme d'argent que celui-ci laisse à sa disposition pendant un tems déterminé.

§ II.

Il y a deux manières de fixer l'intérêt ; quelquefois on dit : l'intérêt est au denier . . . . ; mais le plus souvent on dit : l'intérêt est à tant pour cent. Il est nécessaire d'avoir une idée nette de ces deux manières de s'exprimer. Dans la première manière, lorsqu'on dit par exemple, l'intérêt est au denier 20 , on entend qu'autant de fois 20 est contenu dans le capital , autant de fois le prêteur prend un. Pour savoir à combien pour cent revient le denier vingt , divisez 100 par 20 , le quotient cinq , désignera le pour cent. De ceci on conclut que le denier 20 , ou cinq pour 100 , sont la même chose.

§ III.

Par la seconde manière, à tant pour cent , par exemple à cinq pour cent , on entend qu'autant de fois 100 est contenu dans le capital , autant de fois le prêteur prend cinq. Si l'on veut savoir à quel denier répond 5 pour cent , divisez cent par cinq , le quotient est 20 : donc 5 pour cent , ou le denier 20 , sont la même chose.

§ IV.

Prendre l'intérêt en dehors ou *en dedans* ; voici comment il faut entendre ces deux expressions : *prendre l'intérêt en dehors*, c'es rendre, à raison de 5 pour $\frac{0}{0}$, au bout d'un an 105 pour 100 ; *prendre l'intérêt en dedans*, c'est lorsque le prêteur garde les intérêts par devers lui, et ne donne à l'emprunteur que 95 francs, pour lesquels il rend cent francs au bout de l'année ; alors l'emprunteur paye un intérêt sur 5 francs qu'il ne reçoit pas.

§ V.

Dans les calculs d'intérêts, il y a cinq choses à observer.

1°.... Le Capital.

2°.... Le Nombre arbitraire sur lequel on suppose tirer l'intérêt.

3°.... L'intérêt qu'on tire sur ce nombre.

4°.... Le tems que le capital a été gardé.

5°.... Ce qui revient, tant en capital qu'en intérêts, au bout d'un tems donné.

Quand on connoît trois de ces cinq données, on peut toujours déterminer les deux autres inconnues.

On demande combien 3600 francs portent d'intérêts pour quatre ans à cinq pour 100 ?

Dans cette question, on connoît, 1°. le nombre sur lequel l'intérêt doit être tiré, qui est 100 ; 2°. le prix de l'intérêt qui est 5 ; 3°. le capital qui est 3600 f.

Si on cherche une quatrième proportionnelle aux trois termes connus, en disant si 100 de capital donnent 5 d'intérêt, combien donneront 3500 f. ? on a cette proportion 100 : 5 : : 3600 f. : le produit des termes moyens, divisé par le premier, donne 180 f. qui est l'intérêt de 3600 pour un an, lesquels 180 f. multipliés par 4 donnent 720 f. qui est l'intérêt de 3600 f. pour 4 ans, à 5 pour cent par an.

Opération.

100 : 5 :: 3600 :
5
180,00 | 100
180
4

f. d'int.

Réponse 720
En y ajoutant le Capital . . 3600

Intérêts et Capital, au bout de 4 ans. f. 4320

§ VI.

La solution de cette question, qui est le principe de tous les calculs d'intérêts, fait voir que pour avoir l'intérêt d'un capital quelconque, il faut multiplier le capital par le prix de l'intérêt, et son produit par le tems qu'il a été gardé; et diviser le dernier produit par 100.

§ VII.

Présentement, si l'on proposoit la question de cette manière : un capital de 3600 f. à raison de 5 pour cent par an, a produit pour capital et intérêts 4320 f. on demande combien de tems le capital à été gardé.

Pour répondre à cette question, on commence par ôter, le capital 3600 f. de 4320 f. intérêt et capital; il reste 720 f. d'intérêts; ensuite on dit par une règle de proportion, si 3600 f. de capital, ont produit 720 f. d'intérêt, combien produiront 100 f. de capital? Il résulte par l'opération 20 f. lesquels divisés par le prix de l'intérêt, donnent 4 pour quotient, c'est-à-dire, que le capital à été gardé 4 ans.

Opération.

Capital et intérêts 4320
Capital à défalquer 3600

Restent les intérêts. . . . 720

3600 : 720 :: 100 :
100
72000 | 3600
00000 | 20

20 qui | 5
4

Cette opération apprend que, connoissant le capital, le prix de l'intérêt, et la somme du capital et des intérêts, on trouve le tems que le capital a été gardé, en multipliant l'intérêt total par 100, en divisant le produit par le capital, et le quotient qui en résulte par la quotité de l'intérêt.

Si l'on proposoit la question de cette manière : un capital de 3600 f. a produit, au bout de 4 ans, pour intérêts et capital 4320 f. à quel intérêt a-t-il été placé ? Otez le capital 3600 f. de 4320 intérêt et capital, et dites : si 3600 f. de capital ont produit 720 f. d'intérêt, combien produiront 100 f. de capital ? Il résultera 20, lesquels divisés par le tems que le capital à été gardé, donneront 5 pour la quotité de l'intérêt.

Opération.

Intérêts et capital	4320 fr.
Capital à défalquer	3600
Restent les intérêts	720

3600 : 720 : : 100 :

100		
72000	3600	4
00000	20 qui	5

On recommande aux commençans de se bien pénétrer de ces principes, parcequ'ils renferment tous les cas qui peuvent se présenter dans les calculs d'intérêts simples.

§ VIII.

Calcul d'intérêts simples.

Premier Exemple, suivant l'arithmétique vulgaire.

On demande à combien se monte l'intérêt de 2645^tt 12^s. à raison de 5 pour cent, pendant 2 ans, 3 mois, 5 jours.

Opé-

Opération.

```
2645# 12
   5
-----------
132|28 . 0
   |20
   --------
   5|60
    |12
    -------
     120
     60
     ------
     7|20
```

	# ſ ₰
Pour 1 an	132. 5 7
	an m. j.
	2. 3 5
Pour 2 ans	264. 11. 2
Pour 2 mois	22. 0. 11
Pour 1 mois	11. 0. 5
Pour 5 jours	1. 16. 8
Réponse	299. 9. 2

Résolvons maintenant cette même question, suivant les principes du calcul décimal, en se rappelant le principe ci-dessus, que pour avoir l'intérêt d'un capital quelconque, il faut multiplier le capital par l'intérêt et par le tems que le capital a été gardé, et diviser le produit par cent.

Opération.

2645,60	Capital.
5	Intérêt.
1322800 . .	Produit du capital par l'intérêt.
2. 3. 5.	Temps que le capital a été gardé.
2645600	
220466 . . .	Pour 2 mois.
110233 . . .	Pour 1 mois.
18372 . . .	Pour 5 jours.

299,4671. Même résultat, parceque 46 centimes font aussi 9ſ. 2₰. Le calcul décimal donne une approximation plus exacte, à cause des deniers indivisibles, que l'on a abandonnés, dans l'opération suivant l'arithmétique vulgaire. On abandonne également, dans le calcul décimal, les sous-divisions plus petites que des centimes. On a retranché quatre chiffres à droite ; 1°. deux chiffres, à cause des deux chiffres décimaux qui se trouvent au multiplicande ; 2°. encore deux, à cause qu'il faut diviser par 100.

Deuxième Question.

On demande à combien se monte, pour trente-sept jours, l'intérêt de 12632#. 5s. 6d., à raison de 6 pour cent par an.

Opération, suivant le calcul décimal.

```
    f. c
 12632,525
         6
 ---------
 75795,150
 ---------
   6316262   . . .   Pour 30 jours.
   1263252   . . .   Pour 6 jours.
    210542   . . .   Pour 1 jour.
 ---------
                          f.  c
  77,90056       Réponse; 77,90
```

On coupe cinq chiffres à droite, dont trois à cause des trois caractères décimaux qui se trouvent au multiplicande; et deux, à cause qu'il faut diviser par cent.

Troisième Exemple.

On demande l'intérêt de 6924,38 f. c, à raison d'un demi pour cent par mois, pour 90 jours.

Opération.

```
  69,2438
 --------
  34,6219
        3
 --------                   f.  c.
 103,8657         Réponse; 103 86.
```

Pour abréger, faites passer à droite de la virgule les deux derniers chiffres des francs, pour suppléer la division par 100; le quotient sera 69,2438, dont la moitié 34f,6219 fait l'intérêt d'un mois, à demi pour 100, qu'il faut multiplier par 3, parceque 90 jours font 3 mois.

Quatrième Exemple.

On demande à combien se monte l'intérêt de 36650 f. a raison de 3 $\frac{1}{2}$ pour 100 par mois, pendant 95 jours.

Opération.

```
   f.
 36650
     f. d
     3,5
 ──────────
  183250
 109950
 ──────────
 1282,750
        mois, jours
        3.    5
 ──────────
 3848,250   . . . Pour 3 mois
  213,791   . . . Pour 5 jours
 ──────────
    f. c.
 4062,041   . . . Réponse; 4062 f. 04 c.
```

§ VIII.

Dans les exemples précédens, le prêteur à touché les intérêts sur le capital entier, c. à. d. *en dedans*, lors même qu'il les a retranchés du capital, au moment du prêt. Nous allons maintenant donner la manière de calculer les intérêts, pour ne les payer qu'*en dehors*, lorsque le prêteur les déduit du capital à l'instant où il prête.

Cinquième Exemple.

Un particulier emprunte 3600 francs pour un an, à raison de 5 pour cent par an; il est convenu que le prêteur gardera les intérêts par devers lui, en les déduisant du capital, mais en dehors. On demande 1°. combien l'emprunteur aura net à recevoir; 2°. à combien se montent les intérêts; 3°. la différence de cet intérêt à celui en dedans.

Pour résoudre cette question, on dit, par une régle de proportion, si 105 sont à 100, qu'elle est la quatrième proportionnelle à 3600.

Opération.

```
105 : 100 :: 3600 :    | 105
          100          |--------
-----------------      |   f. c.
       360000          | 3428,56
       0450
        0300
         0900
          0600
           0750
            020
```

f. c.
Réponse : l'emprunteur aura net à recevoir 3428,56 ; et l'intérêt est de 171f,44c ; au lieu que si l'intérêt eût été pris en dedans, il auroit été de 180 francs ; ce qui fait une différence de 8f,56c.

La raison de la disposition de la règle de proportion pour ne tirer les intérêts qu'en dehors, lors même que le prêteur les déduit tout de suite du capital, est très-plausible. Puisque, par intérêt en dehors, on entend que, pour un capital de 100 francs, on payera au bout d'un an 105 francs ; la proportion entre le capital emprunté et l'intérêt, doit donc être comme 105 à 100.

Sixième Exemple.

L'on a emprunté 12000 francs pour 3 ans, à 6 pour 100, les intérêts en dehors à déduire tout de suite sur le capital ; combien l'emprunteur a-t-il à recevoir ?

Pour répondre à cette question, multipliez l'intérêt par le tems, et disposez la règle comme ci-après.

```
118 : 100 :: 12000 :  | 118
             100      |---------
  ------------------  |   f. c.
         1200000      | 10169,49
         00200
          0820
           1120
           00580
             1180
             0018
```

Réponse, l'emprunteur doit recevoir 10169f,49c.

Septième Exemple.

On a emprunté 3600 francs, à raison de 5 pour 100 par an, remboursables, savoir : 1200 francs dans un an, 1200 francs dans deux ans, et 1200 francs dans trois ans. Il est aussi convenu que le prêteur retiendra tout de suite les intérêts sur le capital, mais en dehors ; on demande à combien se montent les intérêts, et combien l'emprunteur aura à recevoir.

Pour n'être pas obligé de recourir à plusieurs opérations, voici cemment il faut s'y prendre.

Opération.

1200 f. . . . Pour 1 an 1200
1200 . . . . Pour 2 2400
1200 . . . . Pour 3 3600

105 : 5. :: 7200 :

```
         5  | 105
    ------  |--------
     36000  | 342,85
     0450   |
      0300  |
       0900
        0600
         075
```

f. c.
Réponse ; les intérêts sont de 342,85 ; et l'emprun-
f. c.
teur doit toucher net 3257,15. Si l'on avoit calculé les intérêts en dedans, les intérêts se seroient montés à 360 francs, et l'emprunteur n'auroit reçu que 3240 f.

La raison de la disposition de la régle ci-dessus est encore très facile à concevoir : car tout se réduit à tronver une somme qui rapporte autant d'intérêt dans un an, que les 3600 francs pour les diverses échéances ci-dessus énoncées. Cette somme se trouve en multipliant chaque somme par le temps.

Preuve.

7200 francs, à raison de 5 pour 100 d'intérêt en dehors, rapportent pour un an . . . . f. c. 342,85

A l'instant que l'emprunt se fait, le prêteur doit garder par devers lui les intérêts de 3600 francs en dehors, pour un an, ci . . . . f. c. 171,43

Après le premier paiement, de 2400 . . 114,28

Et après le second paiement, de 1200 . . 57.14

Le produit total est également. . . . 342,85

§ I X.

Calcul des Intérêts des Intérêts.

Les *intérêts des intérêts* consistent à joindre les intérêts de chaque année au capital, et à compter les intérêts tant du premier capital, que de l'accroissement du capital par la jonction des intérêts successifs. Ces sortes de calculs, lorsque le capital a été gardé seulement quelques années, deviennent très-polixes et presque inéxécutables, sans le secours des tables des logarithmes; c'est ce qui nous détermine à donner une méthode facile, pour les calculer.

§ X.

On a vu plus haut que pour avoir l'intérêt simple d'un capital, il le faut multiplier par le taux de l'intérêt, et par le tems qu'il a été gardé, et diviser le produit par 100 : de céci il est facile de conclure que l'intérêt d'un capital, à raison de 5 pour cent par an, est pour un an, de $\frac{5}{100}$ ou 0,05 ; pour 2 ans de $\frac{1}{10}$ ou 0,1 ; pour 3 ans, de $\frac{15}{100}$ ou 0,15, etc. Dans le calcul de l'intérêt des intérêts, on considère les intérêts progressifs de chaque année comme un nouveau capital : on trouvera donc l'intérêt des intérêts de l'année précédente, en multipliant le nouveau capital par 0,05.

Règle générale pour le calcul de l'intérêt des intérêts.

On écrit, en forme de colonne, le nombre de

chaque année, en commençant par le plus fort et rétrogradant jusqu'à un ; au dessous du premier nombre, en commençant au haut de la colonne, on écrit en forme de fraction vulgaire, 100 ; au dessous du second nombre, 200 ; au dessous du troisième, 300 ; et ainsi de suite, toujours en augmentant d'une centaine d'unités, jusqu'au dernier nombre de la colonne. Ensuite on multiplie chacune des fractions par le taux de l'intérêt.

Pour avoir plus de facilité dans les calculs, on représente ces fractions vulgaires par des fractions décimales.

On multiplie le capital primitif par la première fraction, et on pose le produit au dessous du capital ; après cela, on multiplie le produit, comme nouveau capital, par la seconde fraction, et on pose le produit au dessous de celui déjà trouvé ; et ainsi de suite, en multipliant le dernier produit par la fraction qui suit immédiatement celle par laquelle on vient de multiplier. Pour plus d'intelligence, on va appliquer cette règle à des exemples, en commençant par les cas les plus simples qui puissent se présenter.

Huitième Exemple.

On demande combien l'on aura à payer au bout de deux ans, pour intérêts et capital de 1000 f. empruntés à 5 pour cent, à intérêt d'intérêt.

Opération. 1000 f.

$\frac{2}{100} \times 5 = \frac{10}{100} = 0{,}1 \times$ 1000 — 100

100

$\frac{1}{200} \times 5 = \frac{5}{200} = 0{,}25$ — 0, 025

500

200

2, 500 — 2,5

Réponse 1102,5

§ XI.

La raison pour laquelle on a multiplié 100 f. par $\frac{5}{200}$ ou 0,025, est que l'intérêt de 1000 f. pour un an est de 50 f. et c'est de cette somme que l'on doit l'intérêt pour un an, qui est $2^{f.},5^{d}$. Si l'on avoit multiplié par $\frac{5}{100}$ ou 0,05 le produit auroit été 5 f. c'est-à-dire 2 fois trop grand ; il a donc fallu ne multiplier que par la moitié de $\frac{5}{100} = \frac{5}{200} = 0{,}025$.

Reprenons le même exemple, en supposant que les 1000 f. ayent été gardés pendant 3 ans ; combien auroit-on à payer au bout de ce tems, pour capital et intérêts des intérêts.

Opération.

		1000,
	1000	
$\frac{3}{100} \times 5 = \frac{15}{100} = 0{,}15$	0,15	
	5000	
	1000	
	150,00	150,
	150	
$\frac{2}{200} \times 5 = \frac{10}{200} = 0{,}05$	0,05	
	7,50	7,50
	7,5	
$\frac{1}{300} \times 5 = \frac{5}{300} = 0{,}016$	0,016	
	450	
	75	
	0,1200	0,12
Réponse		1157,62

On a multiplié $7^{f.},5^{d}$ par $\frac{5}{300}$, ou 0,016, parce que $7^{f.},5^{d}$ sont l'intérêt de 50 f. pendant 3 ans ; et comme il ne reste plus à avoir que l'intérêt de l'intérêt de 50 f. pour un an, ou l'intérêt de $5^{f.},5^{d}$ pour un an, si on avoit multiplié $7^{f.},5^{d}$ par $\frac{5}{100}$ ou 0,05, le produit auroit été trois fois trop grand.

Neuvième

Neuvième Exemple.

Combien aura-t-on à payer pour 3600, au bout de 6 ans, pour capital et intérêts des intérêts, à 5 pour cent par an ?

Opération.

	Capital	3600,
	3600	
$\frac{6}{100} \times 5 = \frac{30}{100} = 0{,}30$	0,30	
	1080,00	1080,
	1080	
$\frac{5}{200} \times 5 = \frac{25}{200} = 0{,}125$	0,125	
	5400	
	2160	
	1080	
	135,000	135,
	135	
$\frac{4}{300} \times 5 = \frac{20}{300} = 0{,}066$	0,066	
	810	
	810	
	8,910	8,910
	8,910	
$\frac{3}{400} \times 5 = \frac{15}{400} = 0{,}037$	0,037	
	62370	
	26730	
	0,329670	0,329
	0,329	
$\frac{2}{500} \times 5 = \frac{10}{500} = 0{,}02$	0,02	
	0,0658	0,065
	0,065	
$\frac{1}{600} \times 5 = \frac{5}{600} = 0{,}008$	0,008	
	0,000520	0,000
Réponse		4824,304

M

Onzième Exemple.

On demande combien l'on aura à payer pour 2400 f. au bout de 5 ans, à raison de 6 pour 100 par an, à intérêts des intérêts.

Opération.

		2400
	2400	
$\frac{5}{100} \times 6 = \frac{30}{100} = 0,30$	0,30	
	720,00	720
	720	
$\frac{4}{200} \times 6 = \frac{24}{200} = 0,12$	0,12	
	1440	
	720	
	86,40	86,40
	86,40	
$\frac{3}{300} \times 6 = \frac{18}{300} = 0,06$	0,06	
	5,1840	5,184
	5,184	
$\frac{2}{400} \times 6 = \frac{12}{400} = 0,03$	0,03	
	0,15552	0,155
	0,155	
$\frac{1}{500} \times 6 = \frac{6}{500} = 0,012$	0,012	
	310	
	155	
	0,001860	001

Réponse 3211,740

D'après ce procédé, on peut calculer très-facilement l'intérêt, et l'intérêt de l'intérêt d'une somme empruntée à un intérêt fixé, pour un tems quelconque; et on a cet avantage qu'il est presqu'impossible de commettre des erreurs.

X I I.

Calcul de l'escompte.

L'escompte est le bénéfice que le porteur d'une lettre de change accorde à celui qui lui en paye le montant avant l'échéance. L'escompte se calcule ordinairement comme les intérêts simples et en dedans; c'est-à-dire, que celui qui escompte déduit tout de suite les intérêts du capital, à tant pour cent convenu. Il n'y a donc rien à ajouter à cet égard, puisque l'on a donné ci-dessus la manière de calculer ces sortes d'intérêts. L'on indiquera ici seulement le moyen d'abréger ces sortes d'opérations, lorsqu'on veut escompter plusieurs sommes à diverses échéances.

Dixième Exemple.

Un Négociant à Paris, envoie à la caisse des comptes courans, les Effets ci-après à escompter.

SAVOIR.

3600 f. à 25 jours, 9650 f. à 52 jours, 4532 f. à 65 jours, 2800f,35c à 40 jours, 6960f,80c à 70 jours, 9430f,65c à 80 jours. On demande à combien se monte l'escompte desdits Effets, à raison de 5 pour cent par an.

Voici le moyen par lequel on évite de faire une règle particulière pour chacune desdites sommes.

f. c		*Opération.*	f.
3600,0	à 25	jours....	90000,0
9650,0	à 52	....	501800,0
4532,0	à 65	....	294580,0
2800,35....	à 40	....	112014,0
6960,80....	à 70	....	487256,0
9430,65....	à 80	....	754452,0

```
 2240102,0
         5 | 36000
 ----------|--------
 11200510  | 311,12
  040051
   040510
    045100
     091000
      29000
```

Réponse 311 f. 12c.

La raison de cette opération est la même que celle ci-dessus à l'exemple 8e.; car tout se réduit à trouver des sommes correspondantes à chacune des sommes particulières, qui rapportent autant d'intérêt dans un jour, que les sommes elles-mêmes en rapportent pour le tems que chacune d'elles a encore à courir. Ces sommes se trouvent en multipliant chacune par le tems respectif ; pour s'en convaincre, on n'a qu'à calculer l'intérêt de 3600 f. pour 25 jours à 5 pour cent, et celui de 90,000 f. au même taux pour un jour on trouvera 12f,50c, pour l'une et l'autre somme, et ainsi pour les autres.

§ XIII.

Dans l'opération ci-devant, au lieu de multiplier 2240102 par 5, et diviser le produit par 36000, on auroit pû prendre le 8me. du 9me. de 2240102, et retrancher du résultat deux chiffres â droite.

Opération.

2240102

248900 Le 9me.

f. c

311,12 Le 8me.

L'on voit que le résultat est le même, parceque 5 est contenu dans 360, 72 fois ; donc il ne restoit plus qu'à diviser par 72 ou par 9 fois 8 ; donc en prenant du nombre 2240102 le 9me. et du 9me. le 8me. il se trouve divisé par 72, et l'on n'a plus qu'à retrancher du quotient les deux premiers chiffres à droite à cause du pour cent.

§ XV.

MANIERE expéditive de calculer les intérêts d'avances d'un compte courant, sans le secours du calcul par échelle.

Les Négocians et Banquiers sont dans l'usage de se tenir compte réciproquement des intérêts des fonds d'avance qu'ils ont entre leurs mains, à tant pour cent convenu entr'eux.

Exemple.

Un Négociant de Lyon, écrit à son banquier à Paris, de lui envoyer son compte courant jusqu'au dernier jour de l'an 6. Le compte courant porte

SAVOIR :

Compte Courant

An 6			DOIT	An 6			AVOIR
Germ.	10	Payé sa traite etc. de	36000	Germi.	25	Reçu S. R. du. de	40000
Floré.	5	*Idem.*	24000	Floré.	20	*Idem.*	20000
Prair.	10	*Idem.*	8000	Prair.	1	*Idem.*	6000
Messi.	30	*Idem.*	10000	Messi.	20	*Idem.*	8000
Ther.	20	*Idem.*	39500	Ther.	10	*Idem.*	19000
Fruct.	10	*Idem.*	30500	Fruct.	25	*Idem.*	20000
					30	Pour solde	35000
			148000				148000

On demande à combien se montent les intérêts des avances de fonds de ce compte courant, à raison de 6 pour $\frac{0}{0}$ par an.

Débit.		*Opération.*	
36000, pend.	170 jours.	6120000	
24000......	145......	3480000	
8000......	110......	880000	13270000
10000......	60......	600000	
39500......	40......	1580000	
30500......	20......	610000	
Crédit.			
40000, pend.	155......	6200000	
20000......	130......	2600000	
6000......	119......	714000	11124000
8000......	70......	560000	
19000......	50......	950000	2146,000
20000......	5......	100000	

Réponse; le négociant de Lyon doit pour intérêts d'avances f. c. 357,66

Explication de l'opération.

Comptez combien il y a de jours, depuis la date du paiement de chaque somme, jusqu'au dernier fructidor; comptez également combien il y a de jours, depuis la date de la recette de chaque somme, jusqu'au dernier fructidor; et posez-les à droite vis-à-vis de chaque somme. Ensuite multipliez chaque somme tant du débit que du crédit par les jours; puis additionnez les produits du débit, ainsi que ceux du crédit, et soustrayez l'un de l'autre. L'excédent 2146000, est la somme sur laquelle il faut tirer l'intérêt pour 1 jour, à raison de 6 p^{r} $\frac{0}{0}$ par an, pour avoir l'intérêt des avances de fonds du compte courant. On a vu plus haut que l'intérêt d'une somme quelconque se trouve, en multipliant la somme par le taux de l'intérêt et par le temps qu'elle a été gardée, et en divisant le produit par 100. Il faudra donc multiplier 2146000 par 6, et par $\frac{1}{360}$; puis diviser le produit par 100. Comme multiplier par $\frac{1}{360}$ est la même chose que diviser par 360, on peut éliminer le multiplicateur 6, sous multiple de 360, en ne divisant 2146000 que par 60 multiplié par 100 égal à 6000. Pour diviser par 6000, on sépare, par la virgule, au dividende 2146000, les trois premiers zéros, et on divise 2146 par 6; le quotient est l'intérêt des avances de fonds que l'on cherche.

La raison de cette opération est que 6120000 portent autant d'intérêt dans un jour, que 36000 dans 170 jours, et ainsi des autres sommes.

Pour faire voir la dextérité de cette opération, on va faire la preuve de ce même exemple, suivant le calcul d'intérêts par échelle. *Opération.*

Germ.	5	payé	36000	du 10 au 25 dud. 15 jours	90, f c
	25	reçu	40000		
			4000	du 25 gal. au 5 fal. 10 j.	6,66
Floré.	5	payé	24000		83,34
			20000	du 5 au 20 dud. 15 j.	50
	20	reçu	20000		133,34
Prairi.	1	reçu	6000	du 1er. au 10 dudit 9	9,
	10	payé	8000		124,34
			2000	du 10 au 20 mes. 40 j.	13,33
Mess.	20	reçu	8000		137,67
			6000	du 20 au 30 dud. 10 j.	10,
	30	payé	10000		127,67
			4000	du 30 au 10 therm. 10 j.	6,67
Ther.	10	reçu	19000		134,34
			15000	du 10 au 20 dud. 10 j.	25,
	20	payé	39500		109,34
			24500	du 20 au 10 fruct. 20 j.	81,66
Fruct.	10	payé	30500		
			55000	du 10 au 25 dud. 15 j.	137,50
	25	reçu	20000		
			35000	du 25 au 30 dud. 5 j.	29,16
					357,66

Il est facile de s'apercevoir que l'on a été obligé

de faire onze calculs d'intérêts, plusieurs additions et soustractions, pour parvenir au même résultat que l'on a obtenu, suivant la première manière, par une seule régle.

Chapitre douzième.

Règle de Compagnie ou de Société.

§ I.

Par la règle de compagnie ou de société, on partage le gain ou la perte entre les associés, de manière que les portions provenantes du partage, soient au gain où à la perte, dans le même rapport que chacune des sommes mises en société, est au total de toutes les sommes fournies par les associés.

Premièr Exemple.

A et B se sont associés ; A a mis en société 800 f. et B 200 f. Ils ont gagné 100 f. On demande ce qui revient à chacun du bénéfice, suivant sa mise de fond.

Pour résoudre cette question, on additionne les mises de fonds, et on dit par une règle de proportion : si 1000 f. ont donné 100 f. de bénéfice, combien donneront de bénéfice 200 f. et 800 f. *Opération.*

Mise de A . . . 800
Mise de B . . . 200

1000 : 100 :: 800 : 80,000

1000 : 100 :: 200 : 20,000

Le produit du second et troisième terme divisé par le premier terme donne 80 f. pour A, et 20 f. pour B. On voit 1°. que les deux portions prises ensemble forment exactement 100 f. somme qu'il étoit question de partager ; 2°. il est facile de voir que 80 f. sont dans le même rapport à l'égard de 100 f, que 800 f. sont à l'égard de 1000 f. Et 20 f. sont dans le même rapport à l'egard de 200 f., que 200 f. sont à l'égard de 1000 f : donc le partage est fait dans les proportions exigées.

Deuxième Exemple.

A, B, C se sont associés. A a mis en société

8000 f.

8000 f. B, 5000 f. et C 1000; au bout de 6 mois, A a retiré ses fonds, et B au bout de 8 mois. A la fin de l'année tous les fonds étant rentrés, et C ayant retiré sa mise de fond, il s'est trouvé un bénéfice de 3600 f; on demande la part que chacun des associés doit prendre dans le bénéfice, suivant sa mise de fond, et le temps qu'il l'a laissée en société.

Pour résoudre cette question, multipliez chaque mise de fond par le temps qu'elle a resté en société; la somme totale des produits formera le premier terme de la règle de proportion, le bénéfice formera le second, et chacun des produit séparément formera le troisième terme. Le reste de l'opération se fera comme à l'ordinaire, c'est-à-dire, en multipliant le second et le troisième termes l'un par l'autre, et en divisant le produit par le premier terme; le quotient indiquera la part du bénéfice de chacun. *Opération.*

A . . . 8000 . . . 6 . . . 48000
B . . . 5000 . . . 8 . . . 40000
C . . . 1000 . . . 12 . . . 12000

100000

Première règle de proportion.

100000 : 3600 :: 48000 :
3600
28800000
144
1728,00000 La part de A.

Seconde règle de proportion.

100000 : 3600 :: 40000 :
3600
1440,00000 La part de B.

Troisième règle de proportion.

100000 : 3600 :: 12000 :
3600
7200000
36
432,00000 La part de C.

La preuve de ces sortes d'opérations est que la somme de toutes les parts prises ensemble, doivent être égales à la totalité du bénéfice ou de la perte.

Preuve de l'exemple ci-dessus.

La part de A	1728 francs.
La part de B	1440
La part de C	432
	3600 francs.

Troisième Exemple.

Un négociant à failli : suivant son bilan, l'actif est de 3.628.000 f., et le passif de 14.512.000. On demande combien de centimes par franc il revient à chacun des créanciers.

Pour résoudre cette question, divisez l'actif par le passif, suivant les principes de la division décimale; le quotient indiquera combien il reviendra de centimes par franc.

Opération.

3.628.0000	14.512.000
0 72560000	0,25
00000000	

Réponse, il revient 0,25c par franc.

Preuve.

Multipliez le passif par ce qui revient par franc; le produit doit donner l'actif.

Opération.

Passif	14512000
Ce qui revient par franc .	0,25
	72560000
	29024000
	3628000,00

Quatrième Exemple.

Des Négocians, à Dunkerque, font armer un corsaire qui coûte 60000 f. Les fonds ont été faits par

120 actions de 500 f. chacune. Le corsaire a le bonheur de faire une prise anglaise qui produit 680,000 f. Suivant les conditions, le capitaine et l'équipage doivent prélever sur la prise, savoir, le capitaine 1 décime par franc, et l'équipage 15 centimes par franc. On demande la part du capitaine, celle de l'équipage et le bénéfice de chaque action.

Pour résoudre cette question, multipliez 1°. 680,000 f. par 0,25ᶜ ; le produit sera la part du capitaine et celle de l'équipage, ensemble de 170000 f. 2°. pour trouver la part du capitaine et celle de l'équipage séparément, on dit, par une règle de proportion : si 0,25ᶜ ont donné 170000 f, combien donneront 0,1ᵈ et 0,25ᶜ ? On trouvera que la part du capitaine est de 68000 f. et la part de l'équipage de 102000 f. 3°. pour découvrir le bénéfice de chaque action, ôtez 170000 f. de 680,000 et divisez le reste par 120, nombre des actions.

Opération.

```
1° . . . 680000
            0,25
    ------------
         3400000
        1360000
    ------------
              f.
       170000,00

2°. :  0,1
       0 15
    --------
       0,25 : 170000 :: 0,1 :  | 0,25
               200             | 68000
               000             Part du capitaine.
       0.25 : 170000 :: 0,15 : | 0,25
                   15          | 102000
       ------------            Part de l'équipage.
              850000
             170000
       ------------
             2550000
              050
               00
```

3°. 680000
170000

510000	120
0300	4250
0600	Bénéfice de chaque action.
000	

Preuve.

Part du Capitaine	68000 fr.
Part de l'équipage	102000
120 Actions à 4250	510000
Total	680000

Chapitre treizième.

Du Calcul d'alliage.

§ I.

PAR calcul d'alliage, on entend la manière de connoître par le calcul, le titre, ou degré de pureté, de plusieurs matières d'or ou d'argent, de divers poids et de divers titres, alliées ensemble par la fonte.

§ II.

Il y a deux sortes de calculs d'alliage ; le premier, lorsqu'on cherche seulement à découvrir le titre commun d'une fonte d'or ou d'argent, de différens poids et de différens titres, fondus ensemble. Le second est, lorsqu'on cherche à savoir la quantité qu'il faut prendre de chaque sorte de matières, soit d'or soit d'argent de divers titres, pour en composer une certaine quantité de poids, à un titre donné.

§ III.

La Convention nationale, par son décret du 28 thermidor an 3, a banni tous les termes barbares usités dans les anciennes lois monnétaires, en fixant le titre des pièces d'or ou d'argent républicaines à 9 parties de métal pur, et une partie d'alliage ; c'est-à-dire, que les matières servant à la fabrication des espèces républicaines ; doivent être alliées dans la proportion de 1 à 9. Par exemple ; sur le poids d'un myriagrame, ou dix milles grames, il doit y entrer neuf dixièmes de myriagrame, ou 9000 grames de matière pure, et un dixième de myriagrame ou 1000 grames d'alliage.

§ I V.

Suivant le systême décimal, on peut désigner le titre des matières pures, soit d'or soit d'argent, par 10. 100. 1000 etc. parties. Car il est incontestable que les neuf dixièmes d'un tout partagé en 10 parties égales, sont égaux aux neuf dixièmes du même tout partagé en 100 ou 1000 parties égales. Et 0,9 = 0,90 = 0,900 ou $\frac{9}{10} = \frac{90}{100} = \frac{900}{1000}$ etc.

Premier Exemple.

On demande quel est le titre républicain que représentent les louis d'or, qui suivant l'édit de 1726, doivent être fabriqués au titre de 22 carats.

Le titre de 22 carats, se représente par la fraction $\frac{22}{24}$. c'est-à-dire que sur 24 carats, il y a 22 carats de métal pur et 2 carats d'alliage ; en conséquence, l'on n'a qu'à transformer la fraction vulgaire $\frac{22}{24}$ en une fraction décimale, et l'on aura le degré de pureté suivant le systême décimal.

Opération.

```
220   |24
 040  |0,91666
  160
   160
    160
     16
```

Réponse ; le titre de 22 carats se représente, suivant le systême décimal, par 0,91666 à un centmillième près.

Preuve.

Multipliez 0,91666 par 24, et ajoutez au produit le résidu, seize cent millièmes, il résultera 22.

Opération.

```
  0,91666
       24
  -------
  366664
 183332
       16
  -------
 22,00000
```

Deuxième Exemple.

On demande quel degré de pureté représente, suivant le systême décimal, l'or au titre de 23 carats 26 trente-deuxièmes.

Réduisez 23 carats 26 trente-deuxièmes, en trente-deuxièmes, et divisez le produit par 768 trente-deuxièmes que contiennent 24 karats.

Opération.

```
 ca. 32e.
 23,26
 32
 -----
 46
69
 26
 -----          | 768
7620            |----------------
 7080           | 0,9921875 éxact.
  1680
   1440
    6720
     5760
      3840
      0000
```

Réponse 0,9921875 ; c'est-à-dire, qu'une masse d'or au titre de 23 carats 26 trente-deuxièmes, contiendra, suivant le nouveau systême, de matière pure 0,9921875
et d'alliage. 0,0078125

10,000000

Troisième Exemple.

On demande quel degré de pureté représente,

suivant le système décimal, l'argent au titre de 10 deniers, 21 grains.

Réduisez 10 deniers 21 grains, en grains, et divisez le produit par 288 grains contenus dans 12 deniers de fin.

Opération.

```
10d.21
24
------
40
20
21
------
2610        | 288
 01800      |---------
   0720     | 0,90625   exact.
    1440
    0000
```

Preuve.

```
  0,90625
      288
---------
   725000
  725000
 181250
---------
261,00000
```

§ V.

Comment on détermine le titre, ou le degré de pureté d'une fonte de plusieurs quantités d'or ou d'argent, de divers poids et de divers degrés de pureté, fondues ensemble.

Multipliez chaque quantité par son titre respectif, addiriomnez le produit, et divisez le montant par le poids total des diverses quantités, entrées dans la fonte.

Quatrième Exemple.

Un orfèvre à fondu ensemble, savoir : 222 grames à 0,85gc. et 185 grames à 0,96gc. On demande le titre de cette fonte.

Opération.

222 × 0,85 = 188,70
185 × 0,96 = 177,60

407 | 366,30 | 407
00 00 | 0,9 Réponse.

Cinquième Exemple.

Un directeur de monnoie a fait une fonte, savoir : 2100 grames à 0,7 ; 2100 grames à 0,75 ; et 6300 grames à 0,85. On demande le titre de cette fonte.

Opération.

2100 × 0,7 = 1470,0
2100 × 0,75 = 1575,00
6300 × 0,85 = 5355,00

10300 | 8400,00 | 10500
00 | 0,8 Rép^{e}.

Sixième Exemple.

Un orfèvre envoie à l'affinage 12860 grames à 0,795^{gm} ; l'affineur lui rend 10761,8^{gd} ; on demande à quel degré de pureté les matières ont été portées par l'affinage.

Opération.

12860
0,795
64300
115740
90020
10223,700 | 10761,8
0538080 | 0,95 Réponse.

Réponse. Les matières ont été portées au degré de pureté de 0,95^{gc}, à peu de chose près, et la différence est si petite, qu'elle peut être regardée comme nulle.

Preuve.

10761,8
0,95
538090
968562
10223,710

Septième

Septième Exemple.

Un directeur de monnoie a 8540 grames soit d'or soit d'argent, au degré de pureté de $0,825^{gm}$. On demande combien de matière pure il doit ajouter, pour les porter au degré de pureté exigé par la loi, c'est-à-dire à 0,9.

```
     8540
    0,825
  ---------
    42700
   17080
  68320
  ---------
  7045500  . .  7045500  ⎫
  ---------               ⎪
     8540                 ⎪
    0,075                 ⎬  76860,00
  ---------               ⎪
    42700                 ⎪
   59780                  ⎪
  ---------               ⎪
   640500  . .  640500   ⎭
```

Réponse, il faut ajouter 640500 parties de matière pure, qui représentent $640^{gr},5^{gd}$.

Preuve.

```
  76860 | 8540
  00000 |------
        | 0,9
```

La raison de cette opération est très-facile à entendre; puisque les 8540 grames sont au titre de $0,825^{gm}$. c'est-à-dire, que chaque grame contient huit cent vingt cinq millièmes de matière pure; or, pour le porter à 0,9 ou, ce qui est la même chose, à 0,900 ou neuf cent millièmes, il faut ajouter à chaque grame $0,075^{gm}$. de matière pure, et sur les 8540 grames $640^{g},500^{gm}$ lesquels représentent $640^{g},5^{gd}$.

Huitième Exemple.

Un orfèvre a deux lingots, d'or ou d'argent, l'un au titre de $0,875^{gm}$. et l'autre au titre $0,986^{gm}$. il veut en composer une fonte, au titre juste, requis par la loi; on demande combien de poids matériel il faut prendre de chaque lingot.

Pour résoudre cette question, posez le titre le plus élevé au-dessous du plus foible; et le titre moyen que l'on cherche à obtenir, un peu à la gauche de ces deux titres; après cela, ôtez le titre moyen du titre le plus élevé et écrivez la différence à droite, à côté du plus bas titre; ôtez également le plus bas titre du titre moyen, et écrivez la différence à droite, à côté du plus haut titre. Ces deux différences désigneront le poids matériel qu'il faut prendre de chaque lingot.

Opération.

	0,875	: 86
0,900		
	0,986	: 25

Réponse, il faut prendre 86 grames du titre de 0,875^me^. et 25 grames du titre 0,986^me^. et l'on aura 111 grames à 0,9

Preuve.

	g. gd.
111 grames à 0,9 contiennent de matière pure.	99,9
86 grames à 0,875 en contiennent	75,250
25 grames à 0,986 en contiennent	24,650
111gr. aux deux titres ci-dessus contiennent aussi	99,900

Démonstration.

La raison de cette opération est encore très-facile à concevoir. Car si l'on prenoit de chaque lingot portion égale de poids matériel, un grame par exemple, le titre qui en résulteroit, seroit de 0,9305, et par conséquent de 0,0305 trop fort; parce que d'un côté on auroit diminué de 0,025 et de l'autre on auroit augmenté de 0,086; la différence sur les deux grames seroit donc de 0,061, dont la motiié est 0,0305. On voit donc que les poids matériels à prendre des deux lingots, pour obtenir le titre moyen, doivent être dans le rapport, savoir pour le plus bas titre, de l'excès du plus haut au moyen titre ; et pour le plus haut, du défaut du plus bas au moyen titre; ce qui donne, dans l'exemple ci-dessus, le rapport de 25 à 86.

Neuvième Exemple.

Un orfèvre a de l'or à 0,80 et a 0,96, il veut en composer 1000 grames à 0,90. On demande combien de poids matériel il faut prendre de chacun. *Opération.*

	0,80	6
0,90		
	0,96	10
		16

Présentement que l'on est parvenu, au moyen de cette opération, à connoître qu'il faut prendre 6 grames du lingot à 0,80. et 10 grames du lingot a 0,96, il ne reste plus qu'à déterminer combien il faudra prendre de chacun, pour composer 1000 grames. On dit, par une régle de proportion : si sur 16 grames le lingot à 0,80 doit fournir 6 grames, combien doit-il fournir sur 1000 grames; et ensuite on dit : si sur 16 grames le lingot à 0,96 doit fournir 10, combien doit-il fournir sur 1000 grames. *Opération.*

16 : 6 :: 1000 :

6	16	
6000	. . . .	375 gr
120		
080		
00		

16 : 10 :: 1000 :

10	16	
10000	. . . .	625
040		1000
080		
00		

Réponse; il faut prendre 375 grames du lingot à 0,80 ; et 625 grames du lingot à 0,96.

Preuve.

1000 Grames à 0,90 contiennent de fin . . 900 gr

375 Grames à 0,80
0,80

300,00 contiennent . . . . 300 gr

625 Grames à 0,96
0,96

3750
5625

600,00 contiennent. . . . . 600 gr

Egalité 900

Chapitre quinzième.

De l'extraction des racines carrées et cubes.

§ I.

Extraire la *racine carrée* d'un nombre, c'est chercher un nombre, qui multiplié par lui-même, donne un produit égal au nombre dont on a proposé d'extraire la racine. Par exemple, soit proposé d'extraire la racine carrée de 25, il est visible que la racine doit être 5, parce que 5 fois 5 font 25.

Tableau des carrés et cubes des nombres depuis 1 jusqu'a 9.

Nombres	1	2	3	4	5	6	7	8	9
Carrés	1	4	9	16	25	36	49	64	81
Cubes	1	8	27	64	125	216	343	512	729

§ II.

Règle générale.

1° Pour extraire la racine carrée d'un nombre, partagez ce nombre de droite à gauche, en tranches de deux chiffres chacune. La dernière tranche à gauche peut quelquefois n'être que d'un chiffre.

2°. Cherchez la plus grande racine contenue dans la première tranche, posez-la à droite du nombre, séparée par un trait comme à la division; élevez cette racine à son carré, et ôtez le produit de la première tranche. S'il y a un résidu, posez-le au-dessous, et à côté de ce résidu abaissez la seconde tranche.

3°. Pour avoir la racine du nombre formé par le résidu de la seconde tranche, prenez pour diviseur le double de la racine déjà trouvée, divisez par ce diviseur le nombre formé par le résidu et la seconde tranché, et posez le quotient à la racine ; posez également le quotient à côté du diviseur, multipliez le diviseur ainsi augmenté par le même quotient que vous venez de poser à la racine, et ôtez le produit du nombre provenant du résidu et de la seconde tranche. Si ce produit était trop grand, il faudroit diminuer le quotient d'une unité, jusqu'à ce que le produit puisse s'ôter dudit nombre, formé par le résidu et la seconde tranche. On procèdera de la même manière, pour trouver la racine des autres tranches. Un exemple éclaircira mieux tout ceci.

Soit proposé d'extraire la racine carrée de 323761.

Opération.

32.37.61	569	
25	10	1er diviseur
07.37	106	diviseur augmenté
636	6	
101.61		
101 61	112	2e diviseur
00000	1129	diviseur augmenté
	9	

Réponse ; la racine carrée de 323761 est 569, et 569 multiplié par lui-même reproduit le nombre 323761.

Analyse.

La méthode que l'on vient de donner pour extraire la racine carrée d'un nombre, est fondée sur le principe qu'un nombre carré dont la racine est composée de deux parties, contient le carré de la première partie, plus le double de la première partie multiplié par la seconde partie, plus le carré de la seconde partie.

Démonstration.

Soit la racine 24, le carré se trouve en multipliant 24 par 24 qui produit 576.

Partagez 24 en deux parties, qui prises ensemble fassent également 24, comme par exemple 20 plus 4 et multipliez ces deux parties l'une par l'autre.

Opération.

20 + 4
20 + 4

400	Carré de la 1re partie	$= 20 \times 20 =$	400
+ 80 ...	La 2e partie par la 1re	$= 20 \times 4 =$	80
+ 80 ...	La 1re partie par la 2e	$= 20 \times 4 =$	80
+ 16	Carré de la 2e partie	$= 4 \times 4 =$	16
400 + 160 + 16	Est égal à		576

En faisant l'addition de ces produits partiels, on trouvera également 576, comme si l'on avoit multiplié 24 par 24.

L'on voit encore que le carré de 24 est composé du carré de la première partie, plus du double de la première multiplié par la seconde partie, plus du carré de la seconde partie. (*a*)

§ III.

Présentement que l'on est parvenu à connoître comment se compose le carré d'un nombre, il ne sera pas difficile de se rendre raison de l'opération pour extraire la racine carrée.

1°. On a partagé le nombre en tranches de deux chiffres pour désigner les parties de la racine, et qu'autant il y a de tranches, autant il y aura de chiffres à la racine.

2°. On a extrait la racine de la première tranche, et on en a soustrait le carré, ce qui est très aisé à faire, moyennant le tableau ci-dessus.

(*a*) Ce principe est général, et il est fondé sur le binome de $a + b$ multiplié par $a + b$, qui produit $aa + 2\,ab + bb$.

3°. Pour avoir le second chiffre de la racine, on a doublé la racine déja trouvée, et par le produit on a divisé le nombre formè du résidu et de la seconde tranche, et on a posé le quotient pour le second chiffre de la racine; on a également posé le quotient à côté du diviseur, et on a multiplié le diviseur ainsi augmenté par le second chiffre de la racine, et on en a soustrait le produit, du nombre provenant du résidu et de la seconde tranche, prise pour dividende; voici la raison de cette opération. Puisque après avoir tiré la racine de 400 première partie, il est resté 160 + 16 qui peut se représenter par (40 + 4) × 4, il est clair qu'en divisant 160 + 16 par 40 × 4 qui est le double de la première racine plus 4, il doit résulter 4 second chiffre de la racine.

§ IV.

Si après avoir descendu toutes les tranches et opéré comme on vient de le voir, il restoit un résidu, cela indiqueroit que le nombre proposé est irrationnel, et que la racine n'en peut être indiquée que par approximation décimale; par exemple, si l'on demandoit à extraire la racine carrée de 36950, après avoir trouvé pour la racine 192 il reste 86. Si donc on avoit besoin d'approcher de plus près la vraie racine carrée de 36950, on pourroit y parvenir au moyen des parties décimales. Ainsi, pour approcher à un dixième d'unité, on ajouteroit au résidu deux zéros, pour un centième quatre zéros, pour un millième six zéros etc., parce que chaque tranche de deux zéros donnera un chiffre décimal à la racine.

Soit, par exemple, proposé d'extraire la racine carrée de 12. Quoique l'on sache que la racine doit se trouver en 3 et 4 parce que 3 fois 3 font 9, et 4 fois 4 font 16, il est néanmoins impossible d'indiquer aucun nombre qui, multiplié par lui-même, produise 12; on est donc obligé de se contenter d'une approximation. Par conséquent, si l'on vouloit indiquer la racine carrée de 12 à un millième près, après avoir tiré la racine, on ajouteroit six zéros au résidu et on continueroit l'opération.

Opération.

```
12                    | 3,464
 3.00.00.00           |------
 256                  | 64
----------------------|  4
 04400                |-------
  4116                |   686
  -----               |     6
   28400                ------
   27696                 6924
----------                  4
    704
```

Et l'on a pour la racine carrée de douze, à un millième près, 3,464.

Preuve.

```
      3,464
      3,464
    -------
      13856
     20784
    13856
   10392
   ---------
   11,999296
```

On voit que si l'on ajoutoit 1 au troisième chiffre décimal, qui exprime des milliémes, on obtiendroit 12, donc 3,464 est la racine carrée de 12 à un millième d'unité près.

§ V.

De l'extraction de la racine cubique.

Extraire la racine cubique d'un nombre, c'est chercher un nombre qui, multiplié deux fois par lui-même, donne un produit égal au nombre, dont on a proposé d'extraire la racine cubique. Par exemple, on demande la racine cubique de 125. Le tableau ci-dessus indique 5; parce que 5 fois 5 font 25, et 5 fois 25 font 125.

§ VI.

§ VI.

De la formation du cube d'un nombre.

Suivant le principe ci-dessus, le cube d'un nombre se trouve en multiplant ce nombre deux fois par lui-même; par exemple, le cube de 12 se trouve en multipliant d'abord 12 par 12 qui fait 144, et 144 encore une fois par 12.

Opération.

```
              12
              12
         ─────────
             144
              12
         ─────────
             288
            144
         ─────────
Cube de 12, ci. . . . . .  1728
```

Présentement, partageons douze en deux parties, qui prises ensemble fassent 12, comme en 10 et 2; multiplions ces deux parties l'une par l'autre, comme des nombres complexes.

```
   10 + 2
   10 + 2
─────────────
  100 + 20
      + 20 + 4
─────────────
  100 + 40 + 4
   10 + 2
─────────────
 1000 + 400 + 40
      + 200 + 80 + 8
─────────────
 1000 + 600 + 120 + 8... Cube de 12
```

Au moyen de la multiplication de ces deux parties, il est facile de voir que le cube d'un nombre est composé,

SAVOIR :

10 10 100 10 1000	1°. Du cube de la première partie, ci.	1000
10 10 100 3 300 2 600	2°. Du triple du carré de la première partie, multiplié par la seconde partie.	600
10 3 30 4 120	3°. Du triple de la première partie, multiplié par le carré de la seconde partie, ci.	120
	4°. Du cube de la seconde partie.	8
		1728

Le total fait également 1728, comme douze multiplié deux fois par lui-même.

§ VII.

Règle générale pour l'extraction de la racine cubique.

1°. On commencera par partager le nombre dont on se propose d'extraire la racine cubique, en tranches de droite à gauche, de trois chiffres chacune, excepté que la première tranche à gauche peut quelquefois ne contenir que deux, et même qu'un chiffre.

2°. On cherchera le plus grand cube contenu dans la première tranche, on en prendra la racine que l'on posera à droite du nombre; on élèvera cette racine à son cube, que l'on ôtera de la première tranche, et l'opération sera finie pour la première tranche.

3°. A côté du résidu, s'il s'en trouve un, après avoir soustrait le cube du premier chiffre de la racine de la première tranche, on abaissera la seconde tranche, en mettant un point au-dessous du premier chiffre de la seconde tranche, pour indiquer que la division, pour avoir le second chiffre de la racine, doit commencer à ce chiffre.

4°. Pour avoir le second chiffre de la racine, on élèvera la racine déja trouvée à son carré, que l'on triplera; le produit sera le diviseur dont on se servira pour trouver le second chiffre de la racine.

5°. Le diviseur ainsi déterminé, on divisera le nombre formé par le résidu et la seconde tranche, à commencer par le chiffre sous lequel se trouve le point; le quotient sera le second chiffre de la racine. Mais avant que de le poser à la racine, il faudra essayer si la somme des divers produits ci-après, savoir; 1°. du triple du quarré du premier chiffre de la racine, multiplié par le second chiffre, 2°. du triple du premier chiffre de la racine multiplié par le carré du second chiffre, 3°. du cube du second chiffre de la racine, lesquels doivent se devancer l'un l'autre d'un chiffre à droite; il faudra essayer, dis-je, si la somme de tous ces produits, arrangés comme on vient de le dire, peut se soustraire du nombre formé par le résidu et la seconde tranche. Dans ce cas, on posera le quotient à la racine; sinon, il faudra le diminuer d'une unité, jusqu'à ce que la somme des produits soit moindre ou au moins égale aux chiffres sur lesquels on opère. Si le nombre dont on propose d'extraire la racine cubique avoit plus de deux tranches, on les abaisseroit l'une après l'autre à côté des résidus, et on détermineroit le diviseur et les chiffres que l'on doit poser à la racine, suivant ce qu'il a été dit. Un exemple rendra cela plus clair.

Soit proposé d'extraire la racine cubique de 103823.

Opération.

103.823	47	
64	48 diviseur.	
39823		
39823	336	Triple du quarré du premier chiffre de la racine, multiplié par le second.
00000		
	588	Triple du premier chiffre de la racine, multiplié par le quarré du second.
	343	Cube du second chiffre de la racine.
	39823	

Réponse, la racine cubique de 103823 de est 47.

Cette opération n'est pas difficile à comprendre, si l'on a bien saisi la formation du carré et du cube d'un nombre.

On demande la racine cubique de 14172488.

Opération de l'extraction de la racine.

14.172.488	242
8	12 p^{r}. diviseur.
6172	48
5824	96
	64
348488	1728 deux^{e}. diviseur.
348488	3456
000000	288
	8

Réponse, la racine cubique de 14172488 est 242.

Preuve.

	242		58564
	242		242
	484		117128
	968		234256
	484		117128
Carré	58564	Cube	14172488

§ VIII.

Si après avoir descendu toutes les tranches et opéré comme on vient de le dire, on trouvoit un résidu, cela indiqueroit que le nombre dont on a proposé d'extraire la racine cubique, n'est pas un nombre cube, et que la racine de ce nombre ne peut s'assigner que par approximation décimale. Pour approcher d'un dixième d'unité, on ajoute au résidu 3 zéros; pour un centième d'unité, 6 zéros; et ainsi de suite, en ajoutant trois zéros, pour chaque chiffre décimal qu'on voudra avoir à la racine.

Soit proposé d'assigner la racine cubique de 17, à un centième d'unité près.

Opération.

8	2,57
9.000.000	12 premier diviseur.
7625	60
1375000	150
1349593	125
0025407	1875 deuxième diviseur..
	13125
	3675
	343

Réponse : la racine cubique de 17 est 2,57, à un centième d'unité près.

§ IX.

Quelques problêmes relatifs à l'extraction de la racine carrée. *Premier Problême.*

Un général voulant faire donner l'assaut à un fort, ordonne à l'ingénieur de mesurer la hauteur des murs, pour faire construire les échelles. L'ingénieur trouve la hauteur des murs de 8 mètres ; mais des obstacles dans les fossés obligent de donner 6 mètres de pied aux échelles ; on demande combien les échelles doivent avoir de longueur, pour atteindre au haut des murs.

Pour résoudre ce problême, il faut carrer le nombre 8, hauteur des murs, qui produit 64; il faut également carrer 6, distance du pied de l'échelle au mur, qui produit 36, ajouter ces deux nombres ensemble et extraire la racine carrée de la somme.

Opération.

Hauteur des murs 8, dont le carré est . . 64
Distance du pied de l'échelle au mur
6, dont le carré est 36

Somme des deux Produits . . . 100

dont la racine carrée est 10, qui est la longueur que l'on doit donner aux échelles.

La raison de cette opération est fondée sur ce que l'hypothénuse d'un triangle rectangle est égale au carré des deux côtés.

Deuxième Problème.

Buonaparte, lors de la bataille des Pyramides contre les mamelouks, fit ranger son infanterie, composée de 15552 hommes, en échelons de 12 bataillons carrés ; on demande de combien d'hommes chaque bataillon étoit composé, et combien d'hommes présentoient les fronts et les flancs de chaque bataillon.

Pour résoudre ce problême, divisez 15552 par 12, et du quotient tirez la racine carrée.

Opération.

15552	12	12.96	36 diviseur.
35	1296	9	6
115		396	
072		000	
00			66

Réponse, chaque bataillon étoit composé de 1296 hommes, et présentoit de front et de flanc 36 hommes.

FIN.

VALEUR des Mesures qui ont servi de base *aux calculs des tables et des rapports qui se trouvent dans cet ouvrage.*

Le quart du Méridien terrestre, d'après les mesures qui en ont été faites, est de.	T 5.132.430
ou de.	P 30.794.580

Mesures Linéaires.

Le Mètre, ou le dixmillionième du quart du Méridien terrestre, vaut en pieds.	P 3,0794580 exact.
Le dècimètre.	p 3,6953496.
Le centimètre.	l 4,4344195.
Le millimètre.	0,4434419.

Mesures de Surface.

Le Mètre carré vaut.	P 9,483061.
Le décimètre.	p 13,65561.
Le centimètre	l 19,6640.
Le millimètre.	0,19664.

Mesures de Capacité.

Le Mètre cube vaut.	P 29,202689.
Le décimètre.	p 50,462246.
Le centimètre.	l 87,198762.
Le millimètre.	0,0871921.

Table des Matières.

Chapitre Premier.

Chapitre Second.

Chapitre Troisième.

Chapitre Quatrième.

Chapitre Cinq.

Chapitre Six.

Chapitre Septième.

Chapitre Dixième.

Chapitre Onzième.

Chapitre douzième.

Chapitre treizième.

Fin de la Table des Matières.

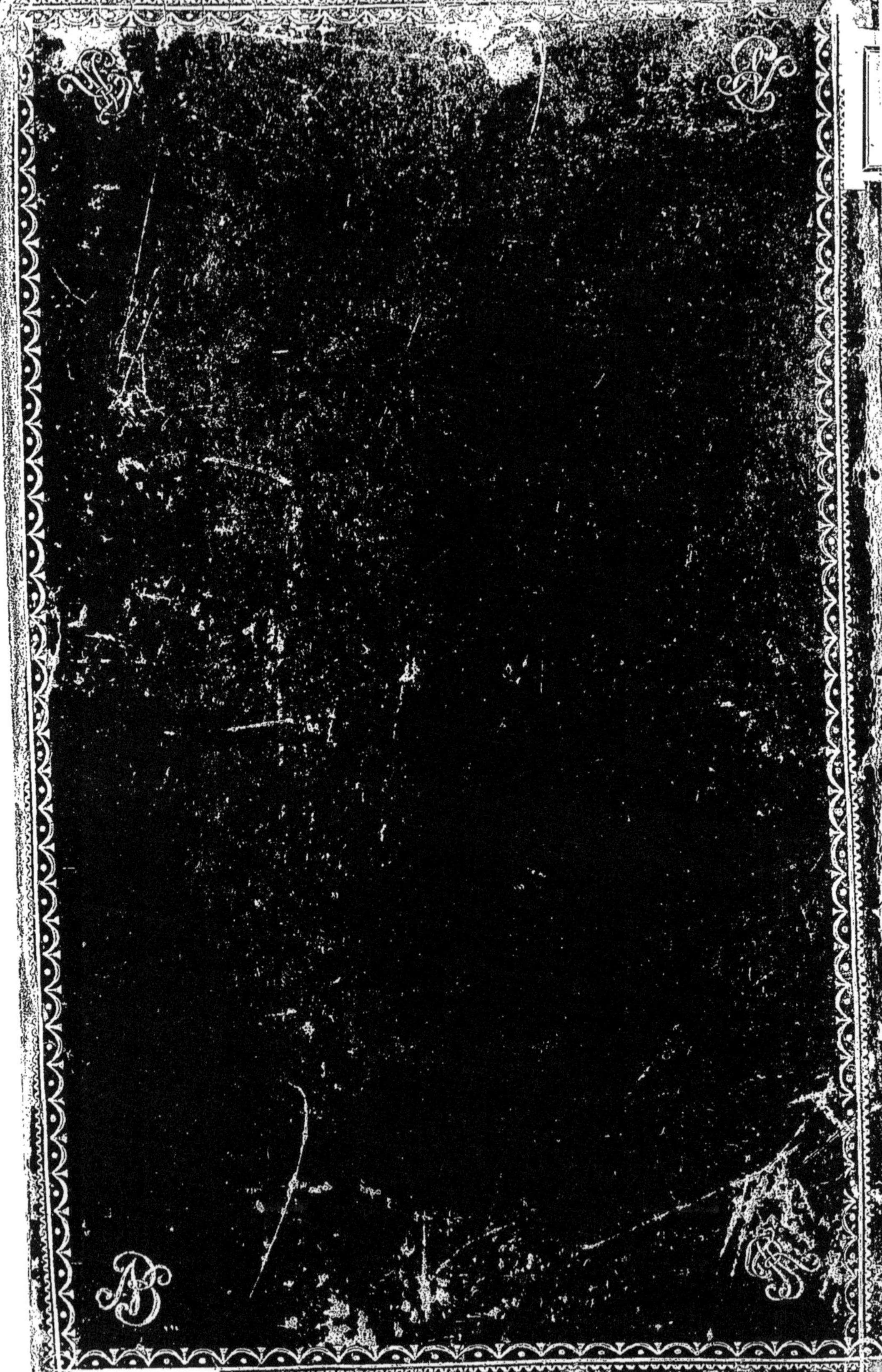